U0155209

张景中 ◎ 著

数学与哲学

MATHEMATICS AND PHILOSOPHY

SCIENCE & HUMANITIES

06

数学科学文化理念传播丛书（第二辑）

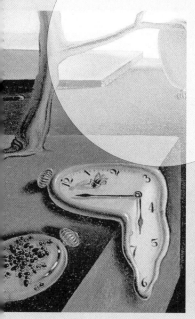
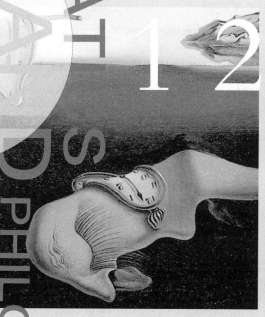

1 2 3 4

大连理工大学出版社
Dalian University of Technology Press

图书在版编目(CIP)数据

数学与哲学 / 张景中著. --大连：大连理工大学
出版社，2023.1
（数学科学文化理念传播丛书. 第二辑）
ISBN 978-7-5685-4046-9

Ⅰ．①数… Ⅱ．①张… Ⅲ．①数学哲学问题－研究
Ⅳ．①O1-0

中国版本图书馆 CIP 数据核字（2022）第 247815 号

数学与哲学

SHUXUE YU ZHEXUE

大连理工大学出版社出版

地址：大连市软件园路 80 号　邮政编码：116023
发行：0411-84708842　传真：0411 84701466　邮购：0411 84708943
E-mail：dutp@dutp.cn　URL：https://www.dutp.cn
辽宁新华印务有限公司印刷　　　　大连理工大学出版社发行

幅面尺寸：185mm×260mm　　印张：8.75　　字数：141 千字
2023 年 1 月第 1 版　　　　　　2023 年 1 月第 1 次印刷

责任编辑：王　伟　　　　　　　　　　责任校对：李宏艳
封面设计：冀贵收

ISBN 978-7-5685-4046-9　　　　　　　　定价：69.00 元

本书如有印装质量问题，请与我社发行部联系更换。

SCIENCE
&
HUMANITIES

数学科学文化理念传播丛书·第二辑

编 写 委 员 会

丛书主编 丁石孙

委　　员（按姓氏笔画排序）

王　前　史树中　刘新彦

齐民友　汪　浩　张祖贵

张景中　张楚廷　孟实华

胡作玄　徐利治

写在前面[①]

一

20 世纪 80 年代,钱学森同志曾在一封信中提出了一个观点.他认为数学应该与自然科学和社会科学并列,他建议称为数学科学.当然,这里问题并不在于是用"数学"还是用"数学科学".他认为在人类的整个知识系统中,数学不应该被看成自然科学的一个分支,而应提高到与自然科学和社会科学同等重要的地位.

我基本上同意钱学森同志的这个意见.数学不仅在自然科学的各个分支中有用,而且在社会科学的很多分支中有用.随着科学的飞速发展,不仅数学的应用范围日益广泛,同时数学在有些学科中的作用也愈来愈深刻.事实上,数学的重要性不只在于它与科学的各个分支有着广泛而密切的联系,而且数学自身的发展水平也在影响着人们的思维方式,影响着人文科学的进步.总之,数学作为一门科学有其特殊的重要性.为了使更多人能认识到这一点,我们决定编辑出版"数学·我们·数学"这套小丛书.与数学有联系的学科非常多,有些是传统的,即那些长期以来被人们公认与数学分不开的学科,如力学、物理学以及天文学等.化学虽然在历史上用数学不多,不过它离不开数学是大家都看到的.对这些学科,我们的丛书不打算多讲,我们选择的题目较多的是那些与数学的关系虽然密切,但又不大被大家注意的学科,或者是那些直到近些年才与数学发生较为密切关系的学科.我们这套丛书并不想写成学术性的专著,而是力图让更大范

① "一"为丁石孙先生于 1989 年 4 月为"数学·我们·数学"丛书出版所写,此处略有改动;"二"为丁石孙先生 2008 年为"数学科学文化理念传播丛书"第二辑出版而写.

围的读者能够读懂,并且能够从中得到新的启发.换句话说,我们希望每本书的论述是通俗的,但思想又是深刻的.这是我们的目的.

我们清楚地知道,我们追求的目标不容易达到.应该承认,我们很难做到每一本书都写得很好,更难保证书中的每个论点都是正确的.不过,我们在努力.我们恳切希望广大读者在读过我们的书后能给我们提出批评意见,甚至就某些问题展开辩论.我们相信,通过讨论与辩论,问题会变得愈来愈清楚,认识也会愈来愈明确.

二

大连理工大学出版社的同志看了"数学·我们·数学",认为这套丛书的立意与该社目前正在策划的"数学科学文化理念传播丛书"的主旨非常吻合,因此出版社在征得每位作者的同意之后,表示打算重新出版这套丛书.作者经过慎重考虑,决定除去原版中个别的部分在出版前要做文字上的修饰,并对诸如文中提到的相关人物的生卒年月等信息做必要的更新之外,其他基本保持不动.

在我们正准备重新出版的时候,我们悲痛地发现我们的合作者之一史树中同志因病于上月离开了我们.为了纪念史树中同志,我们建议在丛书中仍然保留他所做的工作.

最后,请允许我代表丛书的全体作者向大连理工大学出版社表示由衷的感谢!

丁石孙

2008 年 6 月

目　录

一 "万物皆数"观点的破灭与再生
——第一次数学危机与实数理论

古代的哲学家往往是博学多才的人. 他们不但能滔滔不绝地讲他们的哲学道理, 也能讲自然科学、社会科学, 特别是数学. 你不要以为这是因为古人特别聪明, 或是后来哲学家退化了. 那时, 各门科学还没有分家, 哲学是包罗万象的知识部门. 而且那时人类的知识比现在贫乏得多. 所谓博学, 是相对于当时多数人知识贫乏而言的. 实际上, 古代所谓精通数学的哲学家, 他的数学知识未必赶得上今天的一般中学生.

在古希腊, 哲学家大都格外重视数学. 最早的唯物主义哲学家泰勒斯, 提出了原子唯物论的德谟克里特, 最早的唯心主义哲学家毕达哥拉斯, 都曾到埃及学习几何知识. 创立理念论唯心主义体系的柏拉图, 也特别推崇数学知识. 在这些人当中, 最强调数学的, 在数学上成就最大的, 当推毕达哥拉斯.

1.1 毕达哥拉斯学派的信条——万物皆数

毕达哥拉斯曾游历埃及、波斯学习几何、语言和宗教知识. 回意大利后在一个名叫克罗顿的沿海城市定居. 他招收了三百门徒, 建立了一个带有神秘色彩的团体, 被称为毕达哥拉斯学派.

毕达哥拉斯被他的门徒们奉为圣贤. 凡是该学派的发明、创见, 一律归功于毕达哥拉斯. 这个学派传授知识, 研究数学, 还很重视音乐. "数"与"和谐", 是他们的主要哲学思想.

他们沉醉于数学知识带给他们的快慰, 产生了一种幻觉: 数是万物的本原. 数产生万物, 数的规律统治万物.

他们认为:1 是最神圣的数字. 1 生 2,2 生诸数,数生点,点生线,线生面,面生体,体生万物.首先生出水、火、气、土四大元素,四大元素又转化出天、地、人及万事万物.

现在看来,"万物皆数"的说法当然是荒唐可笑的.但是,毕达哥拉斯在古代哲学中最早指出事物间数量关系所起的重要作用,这在人类认识史上是一个进步.

与此类似,中国古代有"一生二、二生三、三生万物"的说法.这也是万物皆数的哲学思想.但不像毕达哥拉斯那么认真,那么明确,那么系统.

有趣的是,正是毕达哥拉斯自己的发现,导致"万物皆数"观点的破灭.

1.2 第一个无理数

毕达哥拉斯在欧洲是第一个发现了勾股定理并给出了证明的人.据说,他是观察地板上的方形图案时,发现直角三角形斜边上正方形的面积恰好是两条直角边上正方形面积之和,于是受到启发,进一步找出了一般证明的.(图 1)

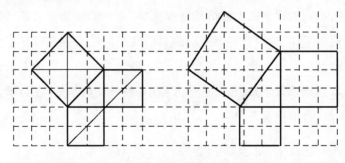

图 1

根据勾股定理,边长为 1 的正方形,其对角线的长度应当是 $\sqrt{2}$.毕达哥拉斯(也许是他的门徒)发现,$\sqrt{2}$ 既不是自然数,也不是分数.因为,如果有两个自然数 m 和 n 使

$$\sqrt{2} = \frac{n}{m} \quad (\frac{n}{m} \text{ 既约}) \tag{1.1}$$

则两端平方以后便可得

$$2m^2 = n^2 \tag{1.2}$$

从 (1.2) 可见 n 是偶数,因为 $\dfrac{n}{m}$ 既约,所以 m 是奇数.于是 (1.2) 左端不能被 4 整除,右端可以被 4 整除.这是个矛盾.

这个事实的发现,是毕达哥拉斯学派的一大成就.因为它不能从经验与观察得出,只能靠抽象的思考证明.它标志着人类的思维有了更高的抽象能力.

关于勾股定理,在中国、巴比伦,有数学家比毕达哥拉斯知道得早得多.但东方数学家始终没有发现 $\sqrt{2}$ 不能表为分数这一矛盾.这也许与东方数学仅着重于解决实际问题,忽视抽象思维有关.这一现象颇有趣.也许数学史与哲学史的研究者能从社会、政治、文化的角度做更好的说明.

但这一发现引起了毕达哥拉斯学派的惶恐不安.因为他们心目中的数只有自然数与自然数之比——分数.万物皆数,就是万物皆可用自然数或分数表示.如今发现边长为 1 的正方形的对角线这个明明白白地摆在那里的东西竟不能用"数"表示,岂不证明自己学派的信条不是真理吗?

毕达哥拉斯学派千方百计封锁,不让这一发现传出去.甚至把泄露了这一秘密的一位青年门徒抛入大海(另一说法是这一门徒发现了 $\sqrt{2}$,因而对"万物皆数"有异议,被抛入海),但这个发现最后终于被传播开来.

当时研究数学的希腊学者们,虽然不一定赞同"万物皆数"的观点,但却仍认为在数学当中,算术比几何更基本,更重要.现在知道了有些几何线段不能用数表示,便对数的重要性有了怀疑,转而把几何看成更基本的数学了.于是,几何学的研究便繁荣昌盛起来.直到非欧几何被发现,几何在数学中的基础地位才又让位于算术.

1.3 无理数之谜

本来,哲学家认为世界上的量都可以用数表示.因为分数可以描述极小极小的量.在一根长度为 1 的线上,中点可以用 $\dfrac{1}{2}$ 表示,把线分成 3 段,分点可以用 $\dfrac{1}{3}$ 和 $\dfrac{2}{3}$ 表示,分成 5 段,分点可用 $\dfrac{1}{5}$,$\dfrac{2}{5}$,$\dfrac{3}{5}$,$\dfrac{4}{5}$ 表示.这样,用分数可以表示的点是密密麻麻的.任何两个分数,无论多么近,它们之间还有无穷多个分数.这么多的数,居然还不能表示出线段上某些点的长度,这一事实当时的哲学家感到难以理解.数的万能的力量被否定了.这便是所谓第一次数学危机.

还有,边长为 1 的正方形的对角线的长度是什么呢?是 $\sqrt{2}$. $\sqrt{2}$ 又是什么呢?它是不是数?不是数,它为什么能表示确定的几何量?是数,为什么求不出它的准确值?在这个问题上,欧洲哲学家与数学家在两千多年中一直陷在迷雾之中.数学家一方面为了解题不得不使用根式,另一方面又说不清带根号而得不出准确值的东西是不是数.直到 17 世纪,还有一些数学家坚决不承认无理数是数.

无理数之谜与连续性的概念密切相关.

1.4 连续性的奥秘

世界上有些平平常常的事,仔细想想又有点怪.比如说,两个朋友几天不见了,偶然在街上碰见,彼此马上就能认出来,打招呼.能认出来,似乎是当然的事.但细追究起来,这又很怪.几天之内,两人的模样变了没有呢?当然变了.要是几天之内不变,那几年、几十年也不会变,人怎么能由小到大,到老呢.既然变了,又为什么能认出来呢?只能说,变化很小.变化小到什么程度呢?时间越短,变得越小.如果你盯着一个婴儿不停地看,你简直不可能说他在变.但几年之后,他确实明显变大了.这变化是逐渐的,不间断的.

世界上的事物在不停地变化.但我们仍能知道甲是甲,乙是乙,这就是因为事物的变化大多是一点一点改变的,通常不会一下子突然变个样.这就给我们一个感觉:许多变化是连续的.

事物变化的连续性是我们的感觉.感觉不一定准确.电影实际上是由许多不同的画面构成的,它不是连续变化的.但因为相继的两个画面相差甚微,我们便以为它是连续的了.我们的直觉告诉我们,世界上许多事物的变化是真正连续的,不是像电影那样由微小的跃变所组成的.测量技术永远不可能证实这种直觉.事实上,如果物质由分子、原子组成,事物的成长是不可能连续进行的.但这仍不妨碍我们形成"连续"的概念.我们可以想:时间的变化是连续的.运动是连续的.一个点从一条线段的这一端达到另一端,它应当经过线段上的一切点!

经过一切点又是什么意思呢?设线段长度是1,我们来考察运动的点与出发点的距离.在运动中,这个距离从0渐渐地变为1.它经过线段上的一切点,就是这个距离的数值取遍0到1之间的一切数.

那么,0到1之间的一切数又是哪些数呢?当初,人们还不知道$\sqrt{2}$这种无理数,这一切数就指的是比0大比1小的分数.有了无理数,就麻烦了.在0与1之间有无穷多无理数,$\frac{\sqrt{2}}{2}$,$\frac{\sqrt{2}}{3}$,$\frac{\sqrt{2}}{4}$,…,要多少有多少.是不是把这些带根号的怪物添上就够了呢?很难说.说不定什么时候又发现了新的无理数.

连续性的问题是自古以来哲学家都谈论过的问题,它与无穷问题密切相关.因为连续变化必然经过无穷个不同的阶段.毕达哥拉斯,芝诺,亚里士多德,莱布尼茨……都讨论过连续性.但如何建立"连续性"概念,却始终是哲学家面前的难题.

这困难不可能在哲学中解决.因为它已转化为数学上的困难:在0与1之间,除了有理数之外究竟还有哪些数?更进一步:"全体实数"是哪些东西?

在哲学上对连续性的看法是说不清楚的.对于数学家与物理学家,在弄清实数是什么之前,也总是说不清的.例如:

亚里士多德认为,当两个互相接触的物体各自的端点成为两者的共同端点时,就会出现连续的连接.他不承认连续直线由无穷多点组成的说法.

伽利略反对亚里士多德的看法,认为连续的东西可以由无限个元素组成,好比一种可以研成极细粉末的固体.

莱布尼茨提出"连续性定律",认为世界上的一切都是连续变化的.他和牛顿大体上有相同的看法:数学上的连续性是用无穷小量来定义的一个理想概念.这个无穷小量,似乎类似于伽利略的"极细粉末".

这里有一个困难:一粒粉末有没有体积?如果体积是0,加起来岂不还是0?如果体积不是0,无穷粒粉末加起来体积又怎能有限呢?可能亚里士多德已经看到了这个困难,所以坚决反对直线(或物体)由无穷多个点组成. 但是, 正如伽利略指出的那样, 有穷个不可分的东西组成的东西, 又怎能连续变化呢?

1.5 戴德金分割

直到 19 世纪末, 即两千多年的探索之后, 数学上严格的实数理论建立了, 连续统的公认概念才出现.

戴德金与康托尔几乎同时地提出了实数理论. 这里是按戴德金的方法陈述的.

设想一条连续的直线, 它由无穷多点组成. 取定原点和单位尺度, 直线上的许多点都可以用分数表示. 这是我们已经知道了的. 我们又知道一些不能用分数表示的点, 比如 $\sqrt{2}$ 代表的点. 我们不知道的是, 为了使直线是连续的、天衣无缝的东西, 还需要添上些什么.

设想用一把锋利无比的刀, 猛地砍向直线, 会发生什么情况呢?

这一刀, 应当砍在直线的某一点 P 上. 如果不然, 砍在空隙里, 直线它还能叫天衣无缝吗? 于是, 如此细的直线被从 P 处斩为两截. 问题是: 点 P 在哪一段上呢? 左边, 右边?

我们只能说: 不在左边, 就在右边. (图 2)

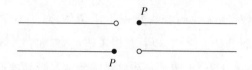

图 2

这样一想, 直线的连续性就归结为一个直观而简单的事实: 不论从什么地方折断, 折断的地方总有一个点.

但这会不会成为同语反复呢? "地方", 不就是点吗?

我们可以设法消除这个同语反复的潜在危险, 不用点来规定"地方".

直线上已经有了很多用有理数表示的点. 直线一断, 就把这些有理点分成较大的和较小的两个集合, 两集合之间就确定了一个位置, 这就是"折断"了直线之处.

用数学语言说, 就是把有理数分成两个集合 A、B. 如果 A 中每个数都比 B 中每个数小, 这一对集合 $\{A, B\}$ 就叫作有理数的一个分割.

A 叫作分割的下集,B 叫作分割的上集.有理数的分割确定了上下两集之间的位置.

有时这个位置已经被有理数占据了.比如,A 是所有的负分数之集,B 是其余的有理数,则 B 中有最小数 0,0 就是直线折断之处.因此,要是 A 有最大数或 B 有最小数,就说分割 $\{A,B\}$ 确定了一个有理数——即 A 的最大数或 B 的最小数.

如果 A 中没有最大数、B 中也没有最小数呢?这是可能发生的.比如,所有那些平方大于 2 的正有理数 $\left(\text{如} \dfrac{8}{5}, \dfrac{5}{3}, 2, \cdots\right)$ 组成 B 集,其余的有理数组成 A 集.这个分割的下集无最大数,上集也无最小数.它留出了一个空隙,这个空隙就应当请一个无理数填补.这个无理数正是 $\sqrt{2}$.

结论有了:有理数的一个分割确定一个实数.这个实数也许是有理数(如果分割不产生空隙),也许是无理数(如果有空隙).

这种分割叫作"戴德金分割".说得干脆一点,实数就是有理数的分割.

利用有理数的 $+$、$-$、$\times$、$\div$ 可以规定分割的四则运算;用有理数的大小可以定义分割的大小.也就是定义了实数的 $+$、$-$、$\times$、$\div$ 与大小.

回头再想,问题很简单.把有理数之间的缝隙都填上,直线不就连续了吗?问题本身就提供了解答!这么"简单"的答案,世界上一些最善于思考的脑袋里也居然要两千年才产生出来!

科学的发展,重大概念的产生,是举步维艰的.任何一个创造,在实现之前,都是困难的.因为人们是在无知中摸索.摸到之后,就成为简单的了.

实数说清了,一切事物的量变又可以用数刻画了.

1.6 连续归纳原理

第一次数学危机被克服了.各种各样的彼此实质上等价的实数理论建立起来了.数学家建立了一系列的定理来刻画实数的性质.

有趣的是,有一条十分简单、十分便于应用和掌握的定理,直到 20 世纪 80 年代才被发现.

这就是连续归纳原理,或者叫连续归纳法.它与熟知的数学归纳法十分相似:

关于实数的连续归纳法[①]	关于自然数的数学归纳法
设 P_x 是关于实数 x 的一个命题.如果——	设 P_n 是关于自然数 n 的一个命题.如果——
(1)有某个实数 x_0,使对一切实数 $x<x_0$,有 P_x 成立;	(1*)有某个自然数 n_0,使对一切自然数 $n<n_0$,有 P_n 成立;
(2)若对一切实数 $x<y$ 有 P_x 成立,则有 $\delta_y>0$,使 P_x 对一切实数 $x<y+\delta_y$ 成立.那么,对一切实数 x 有 P_x 成立.	(2*)若对一切自然数 $n<m$ 有 P_n 成立,则 P_n 对一切自然数 $n<m+1$ 也成立.那么,对一切自然数 n 有 P_n 成立.

这两种归纳法极为相似.这在某种程度上说明了连续的实数系与离散的自然数系在一定条件下的统一性.

那么,连续归纳法在实数理论中有什么地位呢?

已经弄清:

(1)它可以作为刻画连续性的公理,以替代目前实数理论中的有关公理.

(2)从它可以用统一的模式推出已知的一系列关于实数的定理.

(3)从它可以用统一的模式证明微积分中涉及连续性的各个命题.

连续归纳法的发现,有可能使实数理论变得更加简明而易于掌握.因而它也许会进入微积分的基础教程.

对于连续性的认识,数学上是越来越清楚了.但哲学上的问题依然存在:数学连续性与人的感性上认识的连续性是不是一回事呢?它是不是与人的经验一定符合呢?

有各种看法.

有人认为,数学连续性是精神的实在,而经验是对精神实在的认识.(柏拉图主义)

有人认为,数学连续性是不能用于经验的,它是为了增强初等数学力量的辅助概念.我们只知道它不与初等数学矛盾.(希尔伯特)

---

① 张景中:《连续归纳法与一般归纳原理》,四川教育学院学报,1986,1.

有人认为,数学连续性是从经验连续性逐步修改而来的,在一定条件下它与经验是一致的.(庞加莱)

但是,要研究这个问题,就得先弄清什么是我们感觉上的连续性.这就涉及更困难的概念和更深刻的哲学争论和物理理论了.

1.7　"万物皆数"的再生

提出"万物皆数"的观点,是一个错误.因为数是概念,不是物,是物的数量特征在人的头脑中反映为数,不是客观存在的数转化为物.毕达哥拉斯把事情弄颠倒了.

但这个错误的背后是一个人类认识上的大进步——认识到数量关系在宇宙中的重要性.

而"万物皆数"观点的破灭,同样是一个错误.错误在于,认为数不足以表达万事万物了.错误又是由于一个大的进步引起的:发现了无理数.人们发现了无理数,又不敢承认它是数,这就是第一次数学危机.

这一危机的克服,使数真正具有了表达一切量的能力.

但数学对数的认识并没有停留于此.数的概念在不断扩大:复数,四元数,超限数,理想数,非标准实数,各种各样的数都被创造出来了.数学创造出各种的数,用以表达世界上一切可以精确化、形式化的关系.数学工具、数学方法、数学思想空前地向各个学科渗透.一百多年以前,恩格斯还说过:数学在化学中的应用只不过是一次方程,在生物学中的应用等于0[①].今天,情形已大不同了.已很难找出一个与数学无关的人类知识领域了.如果我们扬弃"万物皆数"观点中的唯心主义成分,把它理解为万物都与数有关的一种观点,也许未尝不可.

不是吗?一切实在物皆有形,形可以用数描述.运动与变化伴随着能量的交换与转化,能量可以用数表示.人的知识本质上是信息,信息可以用数记取.万物有质的不同,但质又可以用数刻画.人们对世界的认识愈深入,对数的重要性也愈有深刻体会.

辩证法认为一切事物都包含着矛盾,即"一分为二".为什么一切事物都包含着矛盾呢?为什么是"一分为二"而不是一分为三呢?哲

---

① 参看《自然辩证法》,于光远等译,人民出版社(1984 年),p.172.

学家对此没有进一步的研究与解答. 也许,这正是因为事物的变化归根结底可以用数量的变化来描述. 而数量变化,分解到每一维上,无非是增加与减少. 表现出来,当然是矛盾的双方,而不是三方或多方了.

哲学一开始,便与数学结了不解之缘. 在数学日益向一切学科渗透的今天,哲学如果想承担起"人类一切知识的概括与总结"的重任,是不是应当从数学中汲取更多的东西呢?

二　哪种几何才是真的
——非欧几何与现代数学的"公理"

据说除了基督教的圣经之外,印得最多,流传最广的书,要算公元前 300 年左右,希腊数学家欧几里得写的《原本》了.

自从希腊人知道了 $\sqrt{2}$ 不能用分数表示之后,他们对"数"的热情转移到"形"上,使几何学得到辉煌的发展.欧几里得的《原本》,集当时全部几何知识之大成并加以系统化,把希腊几何提高到一个新水平.在两千年之久的时期内,《原本》既是几何教科书,又被当成严密科学思维的典范.它对西方数学与哲学的思想,都有重要的影响.

2.1　欧几里得的公理方法

欧几里得的《原本》,是一个精致地借助演绎推理展开的系统.它从定义、公设、公理出发,一步一步地推证出了大量的,很不显然的、丰富多彩的几何定理.

他尽力对每一个几何术语加以定义.例如,他的最初的几条定义是:(按《原本》编号)

(1)点是没有部分的那种东西.

(2)线是没有宽度的长度.

(4)直线是同其上各点看齐的线.

(14)图形是被一些边界所包含的那种东西.

他除了定义之外,又选择了一些不加证明而承认下来的命题作为基本命题.他把这些基本命题叫公理或公设.公理是许多学科都用到的量的关系,如"与同一物相等的一些物,它们彼此相等""全量大于部分"等.而公设则是专门为了几何对象而提出的.他有五条公理和五条

公设.这些公设是:

(1)从一点到另一点可作一条直线.

(2)直线可以无限延长.

(3)已知一点和一距离,可以该点为中心,以该距离为半径作一圆.

(4)所有的直角彼此相等.

(5)若一直线与其他两直线相交,以致该直线一侧的两内角之和小于两直角,则那两直线延伸足够长后必相交于该侧.

这里应当说明一下,按现代数学的观点,公理与公设是一回事,没有必要加以区分.

欧几里得从公理、公设和定义出发,导出了数百条几何定理.这一杰作展示了逻辑的力量,显示出人类理性的创造能力.

不过,到 19 世纪,数学家的严格性标准大大提高之后,发现《原本》并非像原来人们所认为的那样完美无瑕,它有两方面的逻辑漏洞:

一方面,他的证明中用到了公理、公设和定义没有包括的一些命题.这些命题要补充到公理当中去.

另一方面,他的定义有问题.为了定义点,他用到了"部分"这个术语;为了定义线,他用到了"宽度"与"长度";为了定义直线,他用到了"看齐";为了定义图形,他又用到了"边界".这样用不加定义的术语来说明要定义的术语,结果等于没有定义.这样的定义是不能在推理中使用的,因为在逻辑上我们不知道如何使用"部分""长度""宽度""看齐"这些术语.

这些漏洞已经被 19 世纪的数学家补上了.这里暂不叙述补漏洞的详情.我们转向一些哲学家关心的事.

2.2 欧几里得的几何定理是真理吗

欧几里得的《原本》向哲学家建议了一种认识真理的方法:从少数几条明白清楚的前提出发,用逻辑工具证明你的结论.如果前提是真理,则结论也是真理.这一思想对哲学家产生了重大影响.后来的许多哲学家,特别是唯理论派哲学家,力图用欧几里得的方式写出自己的著作,阐述自己的学说与观点.

但是,一个更基本的问题出现了.怎么知道欧几里得的公设是真的呢?

两千年中,哲学家几乎一致认为,欧几里得的公设就是真理.认为这些公设是可以确定地明晰地知道的东西,是绝对普遍而严格的真理.而且,多数哲学家认为这些公设既不是来自经验,也不是来自逻辑分析,而是来自人类理性的先天洞察能力.

确实,柏拉图早就宣称:我们用理性的眼睛看到"形式"的永恒王国;康德认为,心智认知几何学时是在把握它自己的感观的先天结构.就连一些唯物主义的哲学家,在涉及几何学时,也不否认欧几里得几何的真理性.

那么,说这些公设是真的,是什么意思呢? 比方说,说"两点可以确定一直线",这里直线是什么意思呢? 如果"直"线的意思不清楚,说"两点可以确定一直线"是"真"的又有什么意义呢?

哲学家当然认为,"直"就是人们通常理解的直.

什么又是通常理解的直呢? 我们有好几种标准:

(1)木工检验一条线直不直,是沿着它看.看,当然依赖于光.这就是说:光走的是直线.

(2)建筑工人确定地基时要拉线.这是认为,拉紧了的线是直的.

(3)直线是两点间最短的路线,是唯一的.

(4)过线的一端以另一端为心画圆.如果线是直的,圆周长应当是线长的 2π 倍.

还可以找到别的标准.

如果这些标准互相间矛盾了怎么办呢? 大家认为,它们不会矛盾.确实,经验告诉人们这几条标准是一致的.

于是,人们没有理由怀疑欧几里得几何的真理性.欧几里得几何被当作人类可以认识绝对真理的范例.至于逻辑漏洞,那是技术上的细节,补上就好了.

2.3　非欧几何的发现

既然把欧几里得的公设看成人类理性可以洞察的自明之理,数学家自然按照这个标准来要求它.这么一要求,就发现第五公设叙述起来那么复杂,理解起来并不见得容易,很不像一条自明之理.

能不能把第五公设作为公设(即公理)的资格取消呢? 这个诱人的思想吸引了欧几里得以后的许多数学家.要把它从公设的行列中赶出去,就只有用别的公设来证明它,使它成为一条定理.但是,企图证明第五公设的努力在两千年中无一例外地都失败了.每一个被提出的证明不是在逻辑上犯了错误,就是隐含地引进了另一条不加证明就承认了的命题.

对第五公设的研究,使人们的几何知识更丰富了.大家弄清楚了:可以用另一些命题代替第五公设而不改变欧几里得几何的内容.这些可以代替第五公设的命题有:"过直线外一点能且仅能作一条平行线""三角形内角和等于两直角""过不在一直线的三点有且仅有一个圆""存在面积足够大的三角形".但如不引进一条别的命题,就是证明不了第五公设.

到 19 世纪,数学家开始从反面入手想问题了.这叫作"回头是岸".他们想:既然两千年的努力都失败了,是不是根本不可能从另外几条公设出发证明第五公设呢? 如果假设第五公设不成立,用不与第五公设相容的公设代替它,推演下去又会如何呢? 如果出了矛盾,就等于用反证法证明了第五公设.如果永远不出矛盾,岂不是发展出另一套几何系统吗?

果然,罗巴切夫斯基、鲍耶和被称为数学王子的高斯几乎同时地各自独立地发现了这另一种几何学.高斯怕引起争议而没有发表.而罗巴切夫斯基和鲍耶都发表了这一发现.罗巴切夫斯基为这种一开始出现就遭到反对与讥笑的几何挺身辩护,坚持自己的观点.现在,这种几何叫罗氏非欧几何.

在罗氏非欧几何之中,过直线外一点可作无穷多条平行线,三角形内角和小于两直角,相似三角形必全等,圆周率大于 π.有许多不符合人们通常看法的结论.

随后,黎曼也提出了另一种非欧几何.在黎曼几何里,不存在平行线,直线不能无限延长,三角形内角和大于两直角,圆周率小于 π.

非欧几何的发展引起了热烈的争辩与探讨.两千年来,大家以为只有一种真实的几何,那就是欧几里得几何.如果欧几里得几何是真的,另外的几何就应是假的,不相容的,有矛盾的.但是,反对非欧几何的人一直不能从非欧几何中推出矛盾.恰恰相反,数学家利用在欧氏几何之内构作模型的办法,证明了如果欧氏几何内部无矛盾,非欧几何也无矛盾.

例如,把球面上的大圆叫作"直线",这样每两条"直线"都相交,由"直线"围成的三角形内角和就大于 $180°$,等等.这正符合黎曼几何.如果黎曼几何有矛盾,那这矛盾一定同样在欧氏几何的平面上表现出来.

又例如,把欧几里得平面上的一个圆的内部看成罗巴切夫斯基平面,每条弦都叫作"直线",这样,过弦外一点当然可以作无限多弦与此弦不相交,那就是有无穷多条平行线了.按某种特殊的"长度"与"角度"计算方法,可以算出三角形"内角和"小于 $180°$.

这样,三种彼此矛盾的几何又成了同呼吸共命运的三姐妹.一个内部有矛盾,另外两个也就有矛盾!

2.4 哪一个是真的

现在,在我们面前摆出了这样的问题.三种几何学在逻辑上都能自圆其说,那么,哪一种是真的呢?

对纯数学家来说,这个问题好解决.三种都是真的.这就怪了,怎么可能三种都真呢? 它们是彼此矛盾的呀! 三角形的内角和,到底是大于 $180°$,小于 $180°$,还是等于 $180°$,只有一个是对的呀!

原来,纯数学家所说的真,是指不论哪种几何,只要它的公理公设成立,它的定理就成立.这么说,所谓真,不过指的是其逻辑上不自相矛盾而已.

这当然不能令人满意.进一步问:哪种公理公设是真的呢?

数学家这时会反问,你怎么解释公理公设中出现的术语的意义呢? 如果对直线、点等术语不加解释,不知道它们是什么,就不存在公理公设是真是假的问题.数学家经过两千年的折腾,开始想通了:几何体系是个抽象系统,如果对其中的原始术语不给以指定的意义,无所谓真假问题,就如象棋无所谓真假一样.

但数学家这样回答问题,就忽略了哲学上最有意义的问题:如果按通常的意义来理解几何术语,哪种几何是真的?

这样把问题提得更加明确之后,非欧几何的出现就不足以动摇欧几里得几何的地位.我们仍可以说:欧几里得几何中"直线"的性质,才是与现实空间相符合的,与我们的经验一致的.而另两种几何,虽然逻辑上相容,但其中所说的"直线",在我们看来并不直.

对欧几里得几何真实性的最严重的挑战不是来自非欧几何,而是来自爱因斯坦的相对论.按照相对论,在引力场中,如果把光线看成直线,则三角形内角和大于两直角.如果把拉紧了的线当作直线,也是一样的.不过,三角形要足够大,边长是天文距离时,才能测量出三内角和与 $180°$ 的差别.在地球上,是测不出来的.

如果我们把直线理解为光的路径,理解为拉紧了的绳子,那只好承认黎曼几何才是真的.爱因斯坦就是这么个看法.

但前面提到过,直的标准有好多条.原来大家以为这些标准是一致的,现在发现不一致了.如果认为"直线是两点间唯一的最短路线",特别是认为"圆周率一定是 π"才表明半径是直的,那就只好认为,光在引力场中走的是曲线,在引力场中绳子拉不紧,等等.这时,欧几里得几何必然成立.但是,这是因为我们选择的"直"的标准正好是欧几里得几何所要求的.

相对论动摇了欧几里得几何的地位,但没有否定欧几里得几何.它只是要人们在两种几何中作出选择:你要哪种几何?

如果你要欧几里得几何,可以.好处是数学上的简单.在牛顿力学中也适用.在地球上是符合经验的.只是在这种几何体系中相对论的物理语言变得麻烦了.光线走的是曲线,等等.

你也可以选择黎曼几何.它适于描述广义相对论所说的空间现象.在地球上它与欧氏几何在经验上也是一致的.

两种几何哪个是真的?甚至可以连罗巴切夫斯基几何也在内,三种几何哪个是真的?我们可以把它看成这样的问题:华氏温度计告诉我们体温是 100 度,而摄氏温度计告诉我们体温是 36.5 度,哪一个是真的?

如果采用前面"直"的标准中(1)和(2)两条,就会认为欧氏几何的定律是经验假设,它已被事实所否定.而采取(3)和(4)两条时,可以说欧氏几何是永远不会被物理所驳斥的必然真理.但这丝毫证明不了康德关于几何真理是人类的先天洞察的论断.因为采用(3)和(4)两条标准时,实质上是在说:只有符合欧几里得公设的线,才叫作直线!"真"仅仅表现了对术语理解的一致.

现在,物理学选择了黎曼几何,但这并不妨碍中学生照样学他们的欧几里得几何.正如华氏摄氏两种温度计都在使用一样.

2.5 公理是什么

两千年间,数学家对公理的看法有了巨大变化.

从前,公理被认为是自明之理.自明之理哪里来的呢?唯心论者认为是人的先天洞察、上帝给人的启示、人对理念的认识等等.唯物论者认为公理来自人对客观世界规律性的认识,是经验的总结与升华.二元论者认为:公理是人用先天的感知能力对经验总结的结果.但有一点是共同的:公理是真理,相对真理或绝对真理.总之是不必再加证明的命题.

数学家总是受各种各样哲学观点支配的.即使他不知道哲学家在干什么,他也有自己的哲学观点.数学家也倾向于认为公理应当是自明之理,是真理.只有从真理出发,才能得到真理.

现在,数学家看法变了,没有什么自明之理.即使有,也不必要求数学公理是真理.数学公理是对数学对象的性质的约定.什么是直线,直线就是满足我的这几条公理的某种东西.满足欧几里得公理,叫欧氏直线;满足罗巴切夫斯基公理,叫罗氏直线,等等.

公理对不对,这问题对数学家是没有意义的.数学家只说:如果某一些对象适合于这些公理,它一定也适合于从公理推出的定理,在这个意义上,数学定理总是对的.就如同中国象棋中"单车难破士象全"总是对的一样.它依赖于下棋的规则.

但也不是随便几条凑起来便可以作为公理.首先,公理不能自相矛盾,也不能推出自相矛盾的东西.这叫作公理的相容性或协调性.其次,讲究节约,任一条公理不应当能从别的公理推出来.能推出来,就作为定理算了,何必算作公理呢?这叫作公理的相互独立性.还有一条叫完全性,就是在这个系统中,一切命题的真假都是可以确定的.不过,一般说来,有了前两条,也就可以了.甚至,有人认为独立性也不重要,最重要的是相容性.

对公理看法的这种进步,大大解放了数学家的思维.现代数学中各种公理系统层出不穷.谁也不说谁的公理不对.不过,有些公理系统很有用,很受欢迎.有些公理系统没什么用,"束之高阁,并不实行",建立之后渐渐被人们忘了,甚至没有人注意它.

数学家也是人,也要吃饭、穿衣,要靠社会供养.他自然希望自己的研究于人类有用.尽管他在逻辑上有建立任何能够自圆其说的公理系统的权力,但他总还会想到"有什么用"的问题.这样,实际上被数学家重视的公理系统中的公理,总是在一定程度上反映了人们在社会实践中的经验,或代表了人类向某一未知领域探索的愿望,在这个意义上,公理也就不完全是人们任意的约定了.

三 变量·无穷小·量的"鬼魂"
——第二次数学危机与极限概念

我们生活着的这个世界,在一刻也不停地变化着.古希腊哲学家当中,赫拉克利特对这一点强调得最厉害.他说,人不能两次踏入同一条河流,因为河水在流动,当人第二次踏进同一条河流时,已经不是第一次踏进时的河水了.

赫拉克利特用这个生动的比喻说明万物皆在不断变化之中.但严格讲起来,概念上却是不清楚的.同一条河流是什么意思呢?昨天的黄河和今天的黄河是不是同一条河流呢?如果是同一条河流,赫拉克利特那句话就错了.如果不是同一条河流,那黄河就成了无穷多条河流了.因为它每个瞬间都与前不同.同样的道理,赫拉克利特也不是一个人,而是无穷多个不同的人了.

正是抓住了他这个概念不清的弱点,有个人写了剧本讽刺他.说是一个人欠债不还,说是我已不是原来借钱的那个人了.债主大怒打了他.到了法庭上,债主不承认打了人,说刚才打人的我,已不是现在的我了.

当时相反的哲学观点的宣扬者是巴门尼德.他主张存在是静止的,不变的,永恒的.变化与运动只是幻觉.巴门尼德的得意门生芝诺,为了论证运动只是幻象,还提出了几个诡论,竭力说明运动必然引起矛盾,因而运动是不可能的.在芝诺的这几条诡辩中,最著名的是所谓"飞矢不动".

飞快地射出的箭怎么可能不动呢?芝诺自有他的歪理:箭在每一瞬间都要占据一定的空间位置,也就是说,每一瞬间都是静止的.既然每一瞬间都是静止的,又怎么可能动呢?

哲学家早就分析批判过"飞矢不动"的诡论. 但从数学上看问题, 可以最清楚地抓住芝诺逻辑上的漏洞.

数学是讲究概念严密的. 芝诺要说的是动与不动的问题,就先得讲好什么叫动,什么叫没有动.

什么叫动呢? 一个物体,时刻 t_1 时在甲处,在另一个时刻 t_2 时在与甲不同的乙处,我们就说它在时刻 t_1 到 t_2 之间动了. 如果对于任一个在 t_1 与 t_2 之间的时刻 t,它都在甲处,就说它在这两个时刻 t_1 与 t_2 之间这段时间内没有动.

这么看,所谓动或不动,是涉及两个时刻的概念. 在"一瞬间",也就是在一个时刻,动与不动的概念失去了意义."在每一瞬间都是静止的",这个说法在逻辑上没有任何意义. 因为在任一时刻物体只占有一个确定的位置. 在黑夜里闪电照耀下,我们看到的是一个静止的画面,因为闪电一瞬间就过去了. 这个画面决不能作为一切静止了的论据. 要问动没有动,必须用另一瞬间的画面作比较!

从这两个例子看出,古代哲学家对于如何从逻辑上严格把握事物的运动与变化和相对地静止与稳定的统一,是不清楚的. 或者否定了运动的可能,或者否认变化了的事物是同一事物. 直到 17 世纪,数学上出现了变量与函数的概念,才找到了精确地描述运动与变化的工具.

3.1 数学怎么描述运动与变化

在数学中,函数概念是描述运动与变化的重要工具.

用电影为例. 一部电影由许多画面组成. 这些画面按一定顺序排列在电影拷贝的长长的胶片上,于是可以对画面编号:1,2,3,…,我们得到了号码与画面的一个对应. 指定一个号码,一定可以找到一个相应的画面,而且一个号码只有一幅画面和它对应. 不同的画面对应于不同的号码. 反过来,指定一个画面,则可能有不同的号码. 也就是说:不同的号码可能对应于相同的画面. 例如:银幕上几秒钟的静止意味着有数十个号码对应于相同的画面,回忆往事的镜头也使不同的号码对应于相同的画面. 这样的对应,在数学上叫作从号码到画面的映射,也可以说是以号码为自变元(或主变元),以画面为因变元(或从变元)

的一个映射或函数.

电影是由一系列离散的画面组成的,但实在的运动与变化的事物却是由无穷多的连续地改变着的状态而组成的.这时,时刻代替了号码,事物的状态代替了画面.号码是整数,而时刻却是连续地增长着的实数——时间.和刚才相同的是:指定一个时刻,所考察的事物只有一个确定的状态.无论是赫拉克利特的河流还是芝诺的飞矢,在指定的某一时刻只能以确定的状态出现.在这个意义上,所谓事物,就是以时间为主变元,以状态为从变元的一个函数.对于在时间长河中某时刻产生而又在另一时刻消亡的事物,主变元可以在两个时刻之间任意取值.对于不生不灭的永恒存在的事物(假如有的话),主变元可取任意实数.

这样,事物就是与时刻对应的无穷多状态的总和.更严格地说,事物是时刻到状态的映射,而时刻变化的范围(时间区间)的大小就是事物的寿命.

既然事物在不同时刻可以有不同的状态,我们又怎么知道这不同的状态是同一个事物的状态而不是不同的事物呢?这就要用到映射的连续性概念,或连续函数的概念了.事物在不同时刻虽有不同的状态,但当两时刻相距越来越近的时候,对应的状态之间的差别也越来越小,这叫作连续性.数学上映射的连续性概念正是这样的:当主变元改变很小时,从变元的改变也很小,这样的映射或函数叫作连续的.映射或函数可以不连续,但描述一件客观存在的事物的映射或函数一般总是连续的.如果不连续了,我们就认为它已消亡,被另一个新出现的事物代替了.

人的一生,从小到老,变化是很大的,但这变化是连续的.在短时间内,例如几分钟内,很难觉察到这种变化.这就是朋友之间彼此可以认识的原因.而人的不连续时刻,常常是悲惨的意外事故.

用时刻到状态的连续映射来刻画事物,既能反映事物在不停地运动与变化这一事实,又能合理地说明事物是自身而不是别的什么这一稳定特点.一方面驳斥了芝诺把事物在一时刻有确定状态说成是不能变化的诡辩,另一方面又纠正了赫拉克利特把一件事物在不同时刻的状态说成是不同事物的概念模糊.

　　对于事物的运动与变化,哲学家常常有多种说法:"运动就是矛盾""在每一瞬间物体既在一个地方又不在这个地方""事物在一个时刻是自身又不是自身".这些说法确实具有哲理的启发性与艺术的感染力,但却不具有科学概念应有的逻辑上的严格性.很难理解一个物体在同一瞬间既在一个地方又不在这个地方的准确意义.事实上,在同一瞬间,即在一个确定的时刻,物体在什么地方就在什么地方.用高速摄影机为飞行中的子弹拍照,可以作为这一数学观点的佐证.

　　数学概念不像哲学术语那么灵活.它一旦形成,便可以作为继续前进的逻辑基础.说运动是矛盾,可以给人以某种启迪,但人们很难在此基础上做更进一步的研究.因为"矛盾"是一个未定义的术语,它揭示出事物的共性,但没指出运动的特殊性.当各门具体科学形成之后,哲学已不再承担对种种特殊性的研究了.而数学中用映射或函数描述运动,却能勾画出运动的特殊性,能以此为坚实的基础对运动的性质作进一步的探索.特别是对运动物体的瞬时状态作触及问题核心的研究.

3.2　瞬时速度

　　运动着的物体有快有慢,描述快慢程度的数量指标叫速度.物体要走过一段距离,必然要耗费一些时间,距离与时间之比,就是速度.孙悟空一个跟斗十万八千里,速度是多大呢? 不知道.因为没告诉我们"一个跟斗"要用多少时间.如果它这个跟斗用的时间和戏台上的武生翻跟斗差不多,只有一秒来钟,那它够快的了.要是一个跟斗打了一年,一天还不到二百千米,就比飞机慢得多.

　　这是说,考虑速度问题,离不开时间.不但运动有速度,事物的变化也可以有快慢之分,都要用时间来衡量.

　　说汽车 1 小时行驶 60 千米,或说汽车的速度是 60 千米/时,这是个大致的说法.因为汽车在这一段时间内时慢时快.启动时,停车时,过人行横道时,就要慢些,其他时间要快些,路面好的时候就更快些.因此,用物体走过的距离除以所用的时间,得到的是平均速度,不是物体的真正速度.

　　那么,我们测量一下物体在几秒钟之内走的距离,用这几秒的时间来除,得到的速度总该是物体的真正速度了吧? 还不行. 这是这几秒之内的平均速度. 子弹从射出枪口到击中靶心,只有几分之一秒的时间,这么短的时间之内,速度就有很大变化,出枪口时比击中靶心时就明显地快些.

我们可以把时间间隔再取得小一点,看看物体在 0.1 秒,0.01 秒内走了多远,以了解物体的真实速度. 但无论怎么小的时间间隔,总不是一瞬间,不是一个时刻,而是两个时刻之间的一段时间. 求出来的总是这一段时间内的平均速度. 而我们希望知道的真正速度,是物体在某一时刻的速度,是所谓瞬时速度.

也许你会认为,何必求瞬时速度呢? 重要的是平均速度. 汽车从天津跑到北京要多长时间,只要了解一下它每小时能跑多少千米这个平均速度就可以了.

这不全面. 有时还是要了解瞬时速度的. 汽车过桥时车速超过了规定的速度限制,警察要罚司机的款,这时警察的根据就是车过桥时的速度,十分钟之前或之后,他是不管的. 火箭要把卫星送上天,速度要超过 8 千米/秒,说的是瞬时速度,而不是从发射起计算到与卫星脱离的平均速度. 炮弹打在钢板上,能不能打穿,也要看这一刹那间的瞬时速度. 自由落体的瞬时速度时刻在变化,它描述出落体的动能增加或减少的状况. 总之,从物理直观上看,瞬时速度是有意义的. 从哲学要求上看,希望知道瞬时速度,希望了解物体在一瞬间究竟处于什么状态,这也是合理的.

但是,在数学上却遇到了逻辑的困难. 按速度的本来意义,是一段时间去除物体在这段时间内走过的距离所得的商. 一个时刻,时间是 0,物体走过的距离也是 0,时间和距离都没有了,速度又何从谈起? 0 除以 0,在数学上有什么意义?

在物理上看来有意义的东西,在数学上却无法指出它的意义是什么,这对数学家是一个严重的挑战. 随着机器工业的发展,科学技术日益迫切地要求数学家起而应战,以便更精确地认识运动与变化的事物. 生产力的发展使这一问题不仅有哲学意义,也有了社会价值. 于是17 世纪的一批数学家投入了这一工作,而总其大成者是微积分学的创始人牛顿与莱布尼茨.

牛顿的工作正是直接从瞬时速度这一概念的数学表达方式入手的.

3.3 微分是量的鬼魂吗

为了求运动着的物体在某一时刻 t_0 的瞬时速度,先要知道从数学上看什么叫瞬时速度.因此,牛顿面临的是两个任务:第一,定义出数学上的瞬时速度的概念;第二,给出具体计算瞬时速度的方法.

如果眼睛只盯着 t_0 这一个时刻,那是毫无法子可想的.时间固定了,物体的位置也固定了.想知道速度,得让物体动一动.也就是要让时间变一变.让时间从 t_0 变到 t_1,这段时间记作 $\Delta t = t_1 - t_0$,而这段时间物体走过的距离记作 Δs.比值 $\Delta s / \Delta t$,当然是在 $t_0 \sim t_1$ 这段时间内的平均速度.

牛顿合理地设想:Δt 越小,这个平均速度就应当越接近物体在时刻 t_0 时的瞬时速度.当 Δt 越来越小,当然 Δs 也越来越小的时候,最后成为无穷小(微分)、就要成为 0 而还不是 0 的时候,比值 $\Delta s / \Delta t$ 作为两个无穷小(微分)之比,就是所要的瞬时速度.

这样,他给出了瞬时速度的定义,又给出了有效的计算方法.

例如,自由落体走过的距离与时间的平方成正比,即 $s(t) = at^2$,则

$$\begin{aligned}\Delta s &= at_1^2 - at_0^2 = a\left[(t_0 + \Delta t)^2 - t_0^2\right] \\ &= a(2t_0 \Delta t + \Delta t^2)\end{aligned} \tag{3.1}$$

因此

$$\frac{\Delta s}{\Delta t} = \frac{a(2t_0 \Delta t + \Delta t^2)}{\Delta t} = 2at_0 + \Delta t \tag{3.2}$$

当 Δt 变成小得不能再小的微分时,式(3.2)右端可以认为就是 $2at_0$,这就是我们要求的在 t_0 时刻的瞬时速度.它就是两个微分之比.

这一新生的有力的数学方法,受到数学家和物理学家热烈欢迎.大家充分地运用它,解决了大量过去无法问津的科技问题.但由于它逻辑上的漏洞,招来了哲学上的非难甚至嘲讽与攻击.

对新生的微积分攻击得最厉害的是英国的主观唯心主义经验论哲学家贝克莱主教.

贝克莱的基本观点是"存在即被感知",即认为一切事物不过是人的感觉的综合.而当世界上没有人时怎么办呢?他说世界是上帝的感

知. 他的哲学目的是论证上帝的存在.

贝克莱的哲学观点由于荒谬绝伦而受到当时思想界的严厉批判. 18 世纪的法国唯物主义哲学家说: 这种观点如此荒谬, 在逻辑上又难于驳斥, 可说是人类智慧的耻辱!

就是这位贝克莱主教, 猛烈地攻击牛顿的微分概念. 他问道: 无穷小量究竟是不是 0? 如果是 0, 式 (3.2) 的左端当 Δt 和 Δs 变成无穷小之后就没有意义了. 如果不是 0, 式 (3.2) 的右端的 Δt 就不能任意地去掉. 在从式 (3.2) 的左端推出右端时, 假定 $\Delta t \neq 0$ 而作除法, 所以式 (3.2) 的成立是以 $\Delta t \neq 0$ 为前提的. 那么, 为什么又可以让 $\Delta t = 0$ 而求得瞬时速度 $2at_0$ 呢? 因此, 这一套运算方法就如同从 $5 \cdot 0 = 3 \cdot 0$ 出发两端同用 0 除得到 $5 = 3$ 一样的荒谬.

贝克莱还讽刺挖苦道: 既然 Δs 和 Δt 变成"无穷小"了, 而无穷小是既不是 0 又不是非 0 的数量, 那它一定是量的鬼魂了. 相信量的鬼魂的数学家, 又有什么理由不相信上帝的存在呢?

应当承认, 贝克莱的攻击还是切中要害的. 牛顿和当时的数学家确实在逻辑上无法严格解释这个新生的强有力的方法. 数学家相信它, 只因为它使用起来十分有效, 得出的结果总是对的.

把瞬时速度说成是无穷小时间内所走的无穷小的距离之比, 即"距离微分"与"时间微分"之比, 是牛顿的一个含糊不清的表达. 其实, 牛顿也曾在著作中明确指出过: 所谓"最终的比"[如 (3.2) 中的 $2at_0$] 不是"最终的量"的比, 而是比所趋近的极限. 但他既没有清除另一些模糊不清的陈述, 又没有严格界说极限的含意, 因而牛顿和其后一百年间的数学家, 都不能有力地回答贝克莱的这种攻击.

这就是数学史上所谓第二次数学危机.

直到 19 世纪, 在康托尔、戴德金、柯西等一批数学家努力之下, 微积分才有了牢不可破的逻辑基础.

问题的解决说起来意外地平凡: 在 (3.2) 中, 设 $\Delta t \neq 0$, 总可以求出右端的 $2at_0 + \Delta t$, 这是在 Δt 时间内的平均速度. 然后, 把瞬时速度定义为平均速度当 Δt 趋于 0 时的极限, 即

$$\text{瞬时速度} = \lim_{\Delta t \to 0} \frac{\Delta s}{\Delta t} \tag{3.3}$$

就可以了.

但要把这一平凡的想法严格化,却还要一番惨淡经营.首先要按照前面所说的,用一个函数 $s=F(t)$ 来描述运动过程——$F(t)$ 表示到时刻 t 物体的位置——它可以用物体走过的距离来刻画.从 t_0 到 $t_1=t_0+\Delta t$ 这段时间,物体走过的路程可以表示成 $F(t_1)-F(t_0)=F(t_0+\Delta t)-F(t_0)$,它就是(3.3)中的 Δs,叫作函数 $F(t)$ 在 t_0 处的差分,而 $\Delta t=t_1-t_0$ 叫作时间的差分.两个差分相比,就是(3.3)中的 $\Delta s/\Delta t$,叫作函数的差商.在差分趋于 0 的过程中,差商的极限叫作微商,或函数 $F(t)$ 在 t_0 处的导数.它就是瞬时速度.如果 F 不是路程而是刻画物体其他性质的状态参量,导数就是那种状态的变化率.

柯西建立了一套严格的 ε 语言来说明什么叫作变量的极限.粗略而直观地说,如果变量到后来可以充分接近某个常量,就说这个常量是变量的极限.而变量的变化范围可以是全体实数,变量的极限也不限于已知的有理数或用根式表达的数,而是一般的实数,这就要求建立实数理论.实数理论的建立和微积分基础的巩固,使两次数学危机都得到了圆满的克服.

把瞬时速度定义为平均速度当时间趋于 0 时的极限,这样就在瞬时速度与平均速度之间建立了联系.我们就可以根据瞬时速度来估计物体在短小时间内的平均速度.

从哲学上,这最终地驳斥了芝诺"飞矢不动"的诡论.在一瞬间,尽管物体占据了一个确定的位置,但不等于说静止了.因为我们能实实在在地求出它的瞬时速度来!具体速度都知道了,还能说不动吗?

3.4 无穷小量的再生

牛顿用两个无穷小的比来解释瞬时速度的思想,由于缺乏逻辑严密性而被极限理论所代替.但是,"无穷小"这一思想并未被人们所放弃.

到了 20 世纪,数理逻辑专家鲁滨逊(Abraham Robinson)建立了"非标准分析".在非标准分析中,无穷小,无穷大,都作为实数的扩充而出现.这可以看成牛顿的无穷小在新的严格基础上的再生.两个无穷之比,已经是合理的了.

通常的微积分当中,仍在用"无穷小"这个字眼,但所描述的已不是像牛顿所想的变量在变成 0 之前的状态,而是一个变化过程.例如,

数列

$$1,\frac{1}{2},\frac{1}{3},\frac{1}{4},\cdots,\frac{1}{n},\cdots \tag{3.4}$$

就叫作无穷小列.它是无穷多的一串数,不是一个数.

柯西的极限理论,是学生学习微积分的高门槛.这是因为他的 ε 语言太烦琐了.也许这是一个历史错误.他完全有可能把极限理论表达得更直观,更平凡而同样严格.

极限理论的哲学困难在于无穷.但当人们承认了自然数时,无穷的难关实际上已被突破.如果在这一突破上建立极限理论,就容易得多.

自然数列

$$1,2,3,4,\cdots,n,\cdots \tag{3.5}$$

有两个特点,其一是越来越大而不减小;其二是无界——找不到一个数比所有的自然数都大.这两个特点是很容易被抓住的.具有这两个特点的数列不妨叫作"无界不减列".

具体地说,数列

$$D_1,D_2,\cdots,D_n,\cdots \tag{3.6}$$

叫作无界不减的,如果

(1) $D_n \leqslant D_{n+1}$,

(2) 没有一个比所有 D_n 都大的数.

现在,定义无穷小列很容易了:

无穷小列的定义　　如果有无界不减列 $\{D_n\}$ 满足

$$|a_n| \leqslant \frac{1}{D_n} \tag{3.7}$$

则称 $\{a_n\}$ 是无穷小列.

进一步便有了:

数列极限的定义　　如果 $\{a_n\}$ 是无穷小列,而

$$c_n = C + a_n \tag{3.8}$$

则称数列 $\{c_n\}$ 以 C 为极限.

这样,我们便把历史上一百多年弄不清的"无穷小"与"极限"两个概念,用最平凡的方式表达清楚了.

四 自然数有多少
——数学中的"实在无穷"概念

自然数有多少,这似乎是一个没有意义的问题.因为自然数是无穷的.

什么是无穷呢?无穷就是没有尽头.设想一个人从1开始数自然数,无论他的寿命有多长,工作多么勤奋,他不可能把自然数数完.理由很简单:如果他数到的最后一个数是 n,那么 $n+1$ 也是自然数!

既然不可能把自然数数完,我们能不能说"全体自然数"如何如何呢?这个问题在两千多年前就出现了,而且有两种对立的回答.

一种回答认为:"全体自然数"是存在的.因为每个自然数都是可以数到的,所以每个自然数都存在.既然每个都存在,为什么"全体"就不存在了呢?这种观点叫作"实在无穷"的观点,是柏拉图的观点.

柏拉图有一个弟子叫亚里士多德.亚里士多德从17岁开始,跟随柏拉图20年,很尊敬、爱戴老师.但在学术上却有着自己独立的见解.有一句常被引用的话,叫作"我爱我师,但我更爱真理",就是亚里士多德说的.亚里士多德反对"实在无穷"的观点.他认为:自然数是数不完的,这表明自然数的产生是个无穷无尽的过程.只有这个过程结束了,才得到自然数的全体.但这个过程永不结束,因而无法得到自然数的全体.但是,自然数可以越来越多,多得超过任何具体的数目,因而是无穷的.这无穷表现为变化发展的过程,因而叫作"潜无穷".

在两千多年当中,多数哲学家和科学家赞同亚里士多德"潜无穷"的观点.但"实在无穷"的观点并未完全消失.有些相信"上帝"的哲学家认为,"实在无穷"肯定是有的,至于人对它不能认识,那不要紧.反正上帝能理解它.

但是,两千多年当中,却没有谁对实在无穷的概念作进一步的具体的科学思考.

伽利略是第一个对它认真思考的科学家.

4.1 伽利略的困惑

伽利略是大家熟悉的物理学家和数学家.他在比萨斜塔上的著名实验推翻了亚里士多德"重物先落地"的主观断言.这使比萨斜塔至今成为意大利名胜古迹之一.在有没有"实在无穷"的问题上,他也反对亚里士多德的只有"潜无穷"而无实在无穷的看法.

他想,自然数的全体是存在的,它们组成一个实在的无穷.

他不像以前的哲学家那样仅限于抽象地思考.他希望具体地比较实无穷的大小.他想,有穷的数是可以比较大小的.如果实无穷之间也能比较大小,人们就可以得到更具体的关于实无穷的认识了.

他考虑两个实无穷.全体自然数

$$\{1,2,3,\cdots,n,\cdots\} \tag{4.1}$$

构成实无穷.全体完全平方数

$$\{1,4,9,16,25,\cdots,n^2,\cdots\} \tag{4.2}$$

也构成实无穷.是自然数多呢? 还是完全平方数多呢?

直观上看,自然数多.在前 10 个自然数里,完全平方数只有 1,4,9 三个;在前 100 个自然数里,完全平方数只有 10 个,占自然数的 10%;在前一万个自然数里,完全平方数有 100 个,只占 1%;在前一亿个自然数里,完全平方数更显得微不足道了,只占 0.01%.这么看,完全平方数在自然数中,有如沧海一粟,占的分量极少极少.

但从另一角度看,有一个自然数,便有一个完全平方数:

$$
\begin{array}{cccccc}
1, & 2, & 3, & 4, & 5, & \cdots \\
\updownarrow & \updownarrow & \updownarrow & \updownarrow & \updownarrow & \cdots \\
1^2 & 2^2 & 3^2 & 4^2 & 5^2 & \cdots
\end{array} \tag{4.3}
$$

把所有自然数在想象中排成一行,每个自然数肩膀上添个小小的 2,便正好是全体完全平方数.难道添上这些指数(即 2)就能把全体自然数变少了吗?

这样看,全体自然数又应当和全体平方数一样多!

伽利略没有解决这个矛盾. 他承认, 把实无穷之间的大小作比较时, 遇到了无法克服的困难. 他终于把这个困难留给了后人.

应当说, 伽利略的确是科学战线上的勇士, 他提出了前人没有提出过的比较无穷大小的问题, 揭开了人类认识"无穷"这场有声有色的话剧的序幕.

4.2 康托尔, 闯入无穷王国的先锋

现在, 我们站在前人肩膀上回过头评论, 就能清楚地知道伽利略在这一困难前面受挫的关键失误.

问题是要比较无穷之间的大小. 要比较, 就得有个标准. 什么叫作大, 什么叫作小, 什么叫作相等? 如果连这些问题都没有明确的回答, 又怎能比较出来个结果呢?

伽利略疏忽了这个要害问题.

现代数学中思考问题的基本方式之一, 就是在讨论问题之前先想想有关的关键用语的明确含意——定义. 有了定义, 讨论就有了依据. 对待这个让伽利略碰了钉子的问题, 康托尔正是从建立明确定义入手而获得成功的.

康托尔(1845—1918)是近代最著名的数学家和逻辑学家之一. 他所创立的集合论已被公认是现代数学的基础. 他对实无穷的研究, 在数学上和哲学上都有重大的影响.

所谓集合, 是指把一些个体放在一起考虑时它们形成的整体. 例如, 教室里 25 个学生组成的集合, 太阳系九大行星的集合. 集合里的个体叫作它的元素. 集合里的元素可以有有穷个, 也可以有无穷多个. 全体自然数的集合, 就有无穷多个元素.

有了两个集合 A 和 B, 如何比较其大小呢? 也就是说, 如何确定 A 中元素多还是 B 中元素多呢? 这就需要有个标准. 标准靠我们制定, 但不能随心所欲地制定, 要定得合理, 定得符合实际, 定得能自圆其说、讲得通. 这样, 制定标准时就必须参考我们的实际经验.

对于两个无穷集的大小比较, 我们是没有经验的. 但对有穷集的比较, 我们知道该怎么办. 屋子里有许多人, 又有许多椅子. 人组成一个集合, 椅子组成一个集合. 哪个集合元素多呢? 通常的办法是数

一数.

但还有一种更痛快的办法:请大家就座.一人坐一把椅子,一把椅子坐一个人.如果椅子都被坐上了人,又没有人站着,就可以肯定人和椅子一样多.

这叫作建立两个集合的一一对应.一个人对一把椅子,一把椅子对一个人.能建立一一对应,就表明两个集合一样多.

我们说了两种比较有穷集大小的办法.两种其实是一种.所谓数一数,其实也是一一对应的办法.不是吗? 当你数椅子的时候,指着一把椅子说 1,又指着另一把椅子说 2……这样,就把椅子编了号码,也就是在椅子和一部分自然数之间建立了一个一一对应.然后又在人和一部分自然数之间建立一一对应——把人也数一数.最后,以自然数为媒介,看能不能在人与椅子之间建立一一对应.

因此,比较两个有穷集的大小,我们只有一种办法——设法建立两个集合的元素间的一一对应.能建立一一对应,就是一样多.

一一对应,是人们认识事物间数量关系的最基本的办法,也是最古老的办法.

有一个以畜牧为生的原始部落,他们选举领袖的办法不是举手或投票,而是看谁的羊群里羊多.羊最多的人就是当然的领袖.但他们数数的本领最多数到 20,再多就不会数了.怎么办呢,就用一一对应的办法:从两个候选人的羊群里各牵一只羊出来,赶到另一个圈里,再各牵一只,再各牵一只,直到有一个人的羊牵光,胜负就确定了.碰巧两群羊一样多的时候,再用别的办法决定.

既然我们经验中只有一种比较多少的办法,我们只有用这种办法比较无穷集的元素多少.

也就是说,不管是有穷集或无穷集,如果能够在 A 与 B 两个集合的元素之间建立起一种一一对应的关系,就应当承认 A 和 B 的元素一样多.这就是康托尔提出的观点.也是现代数学所承认的观点.

有了这个"一样多"的定义,伽利略的问题便迎刃而解了.事实上,伽利略自己已经把自然数与完全平方数之间建立了一一对应,即我们的式(4.3).但他没有就此作出结论.

但是,又怎么解释完全平方数仅仅是自然数的一部分这个事实呢？难道部分可以和整体一样多吗？

我们既然肯定了"一样多"的唯一意义是"可以——对应"，就不能因出现了某些不符合习惯思维定式的现象而动摇.确实，对有穷集来说，整体不会和部分一样多.但这是无穷集.难道无穷集有一些不同于有穷集的性质不是合理的吗？自然数可以和它的部分一样多，这个现象不应当作为否定"可以——对应就是一样多"的理由.恰恰相反，应当说是由于我们采用了这个"一样多"的合理定义，从而揭示出无穷集不同于有穷集的特征：它可以和自己的一部分一样多.

确实，这已经被数学家承认为无穷集的一个定义.什么是无穷集呢？答：可以和自己的某一部分之间建立——对应的集合叫无穷集.这种定义跳出了"无穷就是取之不竭，就是非有穷，就是没完没了……"这种同语反复式说明的圈子.

康托尔关于无穷集的研究成果，一开始便遭到许多哲学家和数学家的激烈反对.其中反对得最激烈的便是他的老师，当时德国的数学界权威人士之一的克朗南格.克朗南格在数学上是有很大贡献的，但他以显赫的地位来压制独创见解的这件事受到后人一致的批评.

由于克朗南格的反对，康托尔希望成为柏林大学教授的愿望始终未能实现.但在他有生之年，康托尔看到了自己的研究成果得到国际数学界的广泛承认.绝大部分数学家接受了康托尔关于实在无穷的观点.当时最杰出的数学家希尔伯特给康托尔极大的支持.他宣称"谁也不能把我们从康托尔创建的乐园中赶出去".

希尔伯特曾在通俗演讲中用生动的比喻向听众解说无穷集的性质，宣传康托尔的观点.下面就是他所用的比喻.

4.3 希尔伯特的"无穷旅店"

希尔伯特假想有这么一家旅馆，它有无穷多个房间，每个自然数都是某个房间的号码.一位旅客来要个房间，但是不巧，所有的房间都有人，旅馆已经客满.

按常理，这位客人只有去找别的旅馆去了.但无穷旅馆的主人却自有办法.他把房间重新安排一下：1 号房的客人到 2 号，2 号房的客人到 3 号，3 号房的客人到 4 号，……，所有的客人都安排了新的床位,空出了一号房间给新来的客人.所有的客人都满意了.

严重的情况发生了.来了一个"无穷旅游团",它们的成员号码用完了所有的自然数.刚才的应急措施现在失效了.怎么办呢?

旅馆主人又有了新招.他请 1 号房的客人到 2 号,2 号到 4 号,3 号到 6 号,……,所有的奇数号码房间都空出来了,正好安排给这个无穷旅游团的成员们住.

如果到了旅游旺季,来了无穷多个无穷旅游团,怎么办呢? 旅馆主人略加思索,又想出了妙计:原来的客人仍然统统安排到 2 号、4 号、6 号……这些偶数号码房间去,剩下的奇数号码房间这样安排:

第 1 旅游团的成员住这些房间,号码是

$$3,9,27,81,\cdots,3^n,\cdots \tag{4.4}$$

第 2 旅游团住的房间号码是

$$5,25,125,625,\cdots,5^n,\cdots \tag{4.5}$$

然后是

$$7,49,343,\cdots,7^n,\cdots$$

$$11,121,1331,\cdots,11^n,\cdots \tag{4.6}$$

一般规律是:自小到大把奇素数排成一列

$$3,5,7,11,13,17,19,23,\cdots \tag{4.7}$$

设第 m 个奇素数是 P_m,那么,第 m 旅游团的第 n 号成员的房间号码就是 P_m^n,这样,无穷多个无穷旅游团的成员都有了自己的房间.旅馆主人这一次还留下了无穷个空床位,它们的号码是那些不能表示为奇素数方幂的正奇数,如:

$$1,15,21,35,45,63,75,\cdots \tag{4.8}$$

这个虚构的故事表明,无穷集合的性质和有穷集合是那样的不同.我们在对无穷进行研究时,思想上应当准备遇到一些出乎意料的新的现象.

4.4 所有的无穷都一样吗

自然数有无穷多个.如果所有的无穷集合元素都一样多,那无穷就成为一个贫乏的领域了.康托尔就是这样想的.他希望找出比自然数集合元素更多的集合.

在中学生已经熟悉的数轴上,整数是稀稀拉拉的,有理数却是密密麻麻的.直观地看,有理数似乎应当比自然数多.但仔细研究便发现,有理数也和自然数一样多.图 3 清楚地表明可以把全体有理数像自然数那样排成一列纵队,当然也就可以和自然数一一对应了.

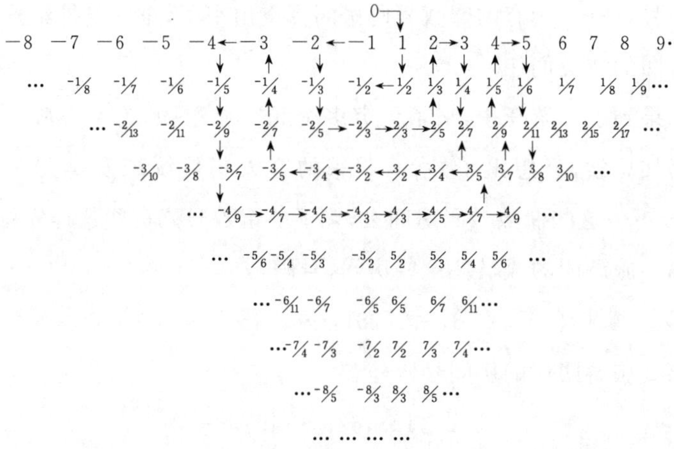

图 3

有理数是一次整系数方程的根,例如,方程

$$5x - 3 = 0 \qquad (4.9)$$

的根是 $\frac{3}{5}$. 一般的整系数方程的根就不一定是有理数了.例如,方程

$$x^2 - 2 = 0 \qquad (4.10)$$

的根 $\pm\sqrt{2}$ 就是无理数.凡是整系数方程的根都叫作代数数.代数数的范围比有理数广多了.但是,康托尔证明:代数数不过和自然数一样多.

图 4 表明,按照一一对应的原则:不同长短的两条线段上面的点一样多,半圆周上的点和直径上的点一样多,半圆周上的点又和无穷直线上的点一样多.因此,无论多么短的一条线段,只要长度不是 0,它上面的点就和无穷直线上的点一样多!

康托尔在 1874 年发表的论文,证明了一条线段上的点要比自然数多.这是他最重要的贡献.这个结论是两千年来经常谈到无穷的思想家们想都没有想到的,而康托尔却给这个事实以简明清晰的论证.

他用的是反证法.如果能把线段 AB 上的点编上号——即和自然数一一对应,马上可以导出矛盾:把 AB 看成一把尺,长度为 1,则 AB

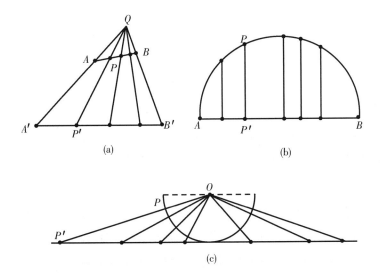

图 4

上的每个点都可以用一个 0 到 1 之间的实数 x 表示,而 x 可以写成无穷小数

$$x = 0.\, x_1 x_2 \cdots x_n \cdots \tag{4.11}$$

假如这些 x 都被编了号:

$$x^{(1)}, x^{(2)}, x^{(3)}, \cdots, x^{(k)}, \cdots \tag{4.12}$$

就马上可以找这么一个 y 出来,

$$y = 0.\, y_1 y_2 \cdots y_m \cdots \tag{4.13}$$

这些 $y_1, y_2, \cdots$ 是这么定的:让 y_1 和 $x^{(1)}$ 的第 1 位小数不同,y_2 和 $x^{(2)}$ 的第 2 位不同,y_3 和 $x^{(3)}$ 的第 3 位不同,$\cdots\cdots$,这样,y 就和 $x^{(1)}, x^{(2)}, \cdots, x^{(n)}, \cdots$ 中的每个实数都不同,这与把 0 到 1 之间的全体实数都编了号的假定矛盾.

这种证法是富有哲学意味的,它被称为"康托尔对角线法".后来,人们用这个方法的思想证明了许多有趣的定理.

另一种证法更富有几何直观性.

仍是反证法:假如线段 AB 上的所有的点都被编了号,设 AB 长度为 l. 从 AB 上挖掉长为 $\dfrac{l}{4}$ 的一段,其中包括 1 号点,再挖掉长为 $\dfrac{l}{8}$ 的包含了 2 号点的那一段,然后挖掉长为 $\dfrac{l}{16}$ 的包含了 3 号点的一段,这样把所有的点都挖去之后,被挖掉线段的总长不超过

$$\frac{l}{4} + \frac{l}{8} + \frac{l}{16} + \cdots = \frac{l}{2} \qquad (4.14)$$

那么,剩下的一半线段是由哪些点构成的呢? 不是已挖光了吗?

本来,康托尔是想证明实数和自然数一样多的. 但事与愿违,三年的艰辛探索带来的是上述相反的结论. 这表明,虽然概念是人创造出来的,但它一旦形成,便有着不以人的意志为转移的客观规律. 这颇像小说家笔下的人物. 鲁迅说过,当写小说的时候,写着写着,人物就活起来了!

那么,有没有比线段上的点的集合含有更多元素的集合呢? 开始,康托尔猜想平面上的点应当和线段上的点一样多. 当时一些有名望的数学家都这么想. 经过三年思考之后,康托尔又一次意外地发现: 线段上的点和全空间的点一样多! 证明十分简单:在笛卡儿坐标系中,空间的一个点可以用坐标(x,y,z)表示. 把 x,y,z 写成无穷小数:

$$\begin{cases} x = l.\, x_1 x_2 \cdots x_k \cdots \\ y = m.\, y_1 y_2 \cdots y_k \cdots \\ z = n.\, z_1 z_2 \cdots z_k \cdots \end{cases} \qquad (4.15)$$

马上可以把(x,y,z)变成一个数

$$N.\, a_1 a_2 \cdots a_k \cdots \qquad (4.16)$$

其中,小数部分是从式(4.15)中的三列小数作"多队合一队"的"体操队形变换"得到的:

$$\begin{array}{c} 0.\ a_1\ a_2\ a_3 \cdots \\ \updownarrow\ \updownarrow\ \updownarrow \\ 0.\ x_1\, y_1\, z_1\ x_2\, y_2\, z_2 \cdots \end{array} \qquad (4.17)$$

而取

$$N = P_1^l P_2^m P_3^n \qquad (4.18)$$

这里,$P_1 = 2$ 或 3,$P_2 = 5$ 或 7,$P_3 = 11$ 或 13,分别视 l,m,n 为负数或非负数而定.

这样,整个空间的点可以和一部分实数建立一一对应,而全体实数又可以和线段上的点一一对应. 结果,空间虽大,包含的点不过和线段上的点一样多罢了.

又过了几年,康托尔终于找到了比实数集合更大的集合. 他实际上证明了:无穷是无穷的. 有一个无穷,就有一个更大的无穷. 具体地说:"任一个无穷集 M,它的所有子集的数目总比它的元素多".

所谓 M 的子集,是由 M 的若干元素构成的集合. 例如,三元素集 $\{a,b,c\}$,有 8 个子集:

$$\{\quad\},\{a\},\{b\},\{c\}$$
$$\{a,b\},\{a,c\},\{b,c\},\{a,b,c\}$$

(4.19)

第一个是空集,最后一个是 M 自身.

一般地说,n 元素集共有 2^n 个子集. 对有穷集,子集确比元素多: $2^n > n$.

对无穷集 M,怎么知道子集比元素多呢?

还是用反证法:假设在 M 的子集与 M 的元素之间建立了一个一一对应,M 的每个子集都有了一个"号码"a,a 是 M 的元素,于是 M 的子集可以写成 M_a 的样子.

也许 a 正好是 M_a 的元素,这时说 a 是好的.

也许不是,这时说 a 是坏的.

现在,所有的坏元素也组成 M 的一个子集,比方说,是 M_β.

那么,β 是好的,还是坏的呢?

如果 β 是好的,按"好"的定义,β 是 M_β 的元素;又按 M_β 的定义,β 应当是坏的.

如果 β 是坏的,按 M_β 的定义,β 是 M_β 的元素;又按"好"的定义,β 是好的.

这陷入了矛盾的境地. 这表明 M 的子集与元素之间不可能有一一对应.

这样的证明实质上已不涉及数量关系,它本质上是哲学的和逻辑学的. 怪不得康托尔晚年要求普鲁士教育部把他的数学教授的职位改为哲学教授.

康托尔把集合元素的数量叫作集合的基数或集合的势. 有穷集的基数是自然数. 无穷集的基数叫超限数.

有穷基数——自然数的全体构成了最小的无穷集. 这个无穷叫"可数"的无穷. 康托尔给它一个记号,叫 $\aleph_0$(读作阿列夫零).

全体实数集的基数叫作"连续统"的无穷. 记号是 $\aleph_1$. 前面已经证明了 $\aleph_1 > \aleph_0$.

4.5 自然数究竟有多少

现在,可以回答开始提出的问题了:自然数有多少呢? 答曰:有 $\aleph_0$ 个.

这算不算一个回答呢?

如果你要弄清什么才算是合理的回答,不妨想想类似的关于有穷的问题:你的一只手有多少指头? 答曰:5 个. 这算不算一个合理的回答呢,当然算.

为什么呢? 因为 5 是一个熟悉的符号吗? 不仅如此,因为我们知道 5 这个数目的意义. 什么是 5 的意义呢? 这不能仅仅从 5 本身说明. 有些国家的文字中,5 就是手,这就无法用 5 回答刚才的问题——答案成了:一只手上的手指有手上手指那么多. 我们对 5 的了解,在于 5 在数系中的地位是明确的,5 在算术运算中的作用是清楚的. 5 比 4 大,比 6 小. 5 加 3 等 8. 5 乘 2 等于 10,等等. 了解 5,不是指认识了这个符号,而在于掌握了某些关系,某种结构.

同样地,我们说自然数有 $\aleph_0$ 个,并不是因为康托尔建议用 $\aleph_0$ 符号,而在于弄清楚了 $\aleph_0$ 在数系中的地位. $\aleph_0$ 比每个自然数都大,比每个别的无穷基数都小,它是最小的无穷. $\aleph_0 + 1 = \aleph_0$,$2\aleph_0 = \aleph_0$,$\aleph_0 \cdot \aleph_0 = \aleph_0$,等等.

我们还知道 $2^{\aleph_0} = \aleph_1 > \aleph_0$. 这是因为自然数的子集和实数一样多. n 元素有穷集的个数是 2^n,所以自然可以说 $\aleph_0$ 个元素的集其子集的个数是 $2^{\aleph_0}$. 事实上,自然数排成一行以后,把属于某子集 P 的数换成 1,不属于 P 的换成 0,便得到一个由 1 和 0 组成的列. 加上一个小数点,便成为一个用二进位表示的实数. 这就是 $2^{\aleph_0} = \aleph_1$.

既然我们可以对无穷基数作比较,作运算,知道它们是什么意思,那么,我们说"自然数有 $\aleph_0$ 个",也就是合理的回答了.

对无穷的研究,不仅是空议论,它使我们了解到另外一些更具体的东西. 例如:一个班里有 50 名学生. 只有 35 名男生,根据 $50>35$,就知道必有女生. 类似地,我们上面知道了全体实数有 $\aleph_1$ 个,而全体代数数和自然数一样多,即 $\aleph_0$ 个. 根据 $\aleph_1 > \aleph_0$,就知道一定有非代数数——超越数. 但在康托尔之前,数学家为了弄清有没有超越数,可花了不少气力呢.

　　对无穷集合的研究,又一次证明了数学思维的力量.无穷是怎么回事,是哲学家两千年间反复谈论而始终说不清的问题.一些卓越的哲学家如亚里士多德、康德、莱布尼茨都坚持没有实在的无穷,实际上是认为人不可能认识实无穷,像认识自然数一样.但数学思维终于进入了无穷的王国.

　　哲学和数学都讲究把握概念.但哲学家对概念的理解主要是力图讲明白它的字义,说明概念的形成过程.数学家则更关心概念在推理中服从的规则.因此,数学方法的基本点是概念的明晰性.

　　对无穷认识的突破,不是因为使用了复杂高深公式的推演与计算,而是因为建立了"集合"概念和集合元素"一样多"的概念.这些概念在日常生活中早有基础.康托尔能做的,两千年前的哲学家与数学家照理也可以做.但为什么直到 19 世纪才出现康托尔呢? 这当然是因为这时数学家进一步认识到了概念的明晰对推理的作用,知道了什么叫严格的推理.这与非欧几何的出现大有关系.

　　但是,正是在数学家为进入无穷王国而欢唱凯歌之际,作为数学基础的集合理论暴露出深刻的矛盾而陷入危机.

五　罗素悖论引起的轩然大波
——第三次数学危机

　　康托尔的集合论的成果使数学家欢欣鼓舞,集合论不但使人们认识了实在的无穷,而且自然而然地被看成数学的基础.

　　集合论是数学的基础,这里面有两层意思.

　　第一层意思:不论哪一门数学,开宗明义,总得有自己的研究对象.这些研究对象,就形成一个集合,或一些集合.几何要研究点的集合、直线的集合、图形的集合,算术要研究整数和分数的集合,微积分要研究实数的集合、函数的集合.每门数学都用得上集合论.

　　第二层意思:数学要研究数与形.有了解析几何,形可以转化为数,因而归根结底要研究数.数有复数、实数、有理数、整数、自然数.但复数可以归结为实数对,实数可以归结为有理数的分割,有理数可以归结为整数之比,整数可以归结为自然数.全部数学就归结为自然数了.自然数又归结为什么呢? 19 世纪的数学家与逻辑学家弗雷格,根据康托尔集合论的思想,写了一本《算术基础》,主张把算术的基础归结为逻辑.逻辑是普遍承认的推理规则,它在各门科学中都被不加怀疑地使用.如果数学可以归结为算术,算术又可以归结为逻辑,数学大厦也就有了稳固的基础了.

5.1　逻辑—集合—数

　　弗雷格从逻辑中所谓概念的外延出发.比如,"狗"是一个概念,与这个概念相符的东西都是狗.于是,这个概念的外延就是所有的狗."太阳系中的行星"这个概念的外延就是地球、金星、木星、水星、火星……

这样一来一个概念可以确定一些事物,这些事物组成一个集合.不过,弗雷格没有使用康托尔的说法:把我们直觉的或思想的任一确定的,可以明显区别的对象 m 汇集成一个整体,这个整体 M 叫作集合,m 叫作 M 的元素.康托尔说的集合,就是弗雷格的外延.

有些概念的外延是空无一物的.例如,"方程 $x^2+1=0$ 的实根",就一个也没有.自相矛盾的概念外延也必然是空的,如"白色的黑狗".有些概念的外延是由唯一的事物组成的,如"太阳""北京",等等.

现在,假定我们还没有数的概念.我们不知道什么是 $1,2,3,\cdots$,我们的目的正是从对概念外延的讨论中得出数的概念.

下面我们干脆把概念的外延叫作集合,而符合这个概念的事物就是这个集合的元素.

虽然我们不知道什么叫作数,但我们可以用一一对应的手段来检验两个集合的元素是不是一样多.如果两个集合之间可以建立一一对应,便说两个集合是数量等价的.彼此数量等价的集合,组成一个类.

空集合组成的类叫作 0.具体的做法,弗雷格用概念"自己不是自己"的外延确定了空集.

有了开头的 0,就好办了.

"空集合组成的类"就确定了一个非空的集合 $\{0\}$,与 $\{0\}$ 数量等价的集合类叫作 1.

由 1 与 0 组成一个集合 $\{0,1\}$,与 $\{0,1\}$ 数量等价的集合组成的类叫作 2.

与 $\{0,1,2\}$ 数量等价的集合类叫作 3.

一般的,有了 $0,1,2,\cdots,n$,就可以规定与集合 $\{0,1,2,\cdots,n\}$ 数量等价的集合类叫作 $n+1$.

这真有点像变戏法.从空无所有开始,用记号 $\{\ \ \}$ 表示空集,然后就有了发展基地:

$$\{\ \ \}=0,\{0\}=1$$
$$\{0,1\}=2,\{0,1,2\}=3$$

就都变出来了.

中国古代的一种说法,叫作"无极生太极,太极生两仪",也类似于"0 生出 1,1 生出 2",不过没有弗雷格这么明确罢了.

如果承认"概念的外延"属于逻辑范畴,弗雷格就算是把算术归结为逻辑了.但是,正当弗雷格的著作即将出版之际,罗素的一封信给他泼了一盆冷水.

5.2 罗素悖论

罗素悖论的通俗化模型很多.例如:

理发师悖论 某村有一位手艺高超的理发师,他只给村上一切不给自己刮脸的人刮脸.那么,他给不给自己刮脸呢?

如果他不给自己刮脸,他是个不给自己刮脸的人,他应当给自己刮脸.

如果他给自己刮脸,由于他只给不给自己刮脸的人刮脸,他就不应当给自己刮脸.

机器人悖论 某工厂有很多机器人.有一个专门修理机器人的机器人,叫作 X. X 按规定只修理那些不会修理自己的机器人.那么,X 会不会修理自己呢?

图书目录悖论 图书目录本身也是书,所以它可能把自己也列入书中作为一条目录,也可能不列入自己.现在要求把那些不列入自己的目录编成一本目录,它该不该把自己列入呢? 如果它不列入自己,按要求它应当列入自己.如果列入自己,按要求又不该列入自己了.

这些悖论说说有趣,好像与数学没有多大关系,但把面目一变,成了下面的罗素悖论,就大不一样了.

罗素(1872—1970)是英国著名的哲学家、数学家和社会改革家,曾获得诺贝尔文学奖.1902 年 6 月,他给正在致力于把算术化归于集合和逻辑的弗雷格写了一封信,叙述了他所发现的一条悖论:

有些集合不以自己为元素,如弗雷格规定的 $\{0,1,2\}=$ 3,"3"并不是自己的元素.也可能以自己为元素,如"所有集合的集合",自己是个集合,所以也是自己的元素.

现在考虑所有那些"不以自己为元素的集合".这个概念的外延确定了一个集合,它是不是自己的元素呢?

如果它以自己为元素,它就不符合定义自己的概念,因而不是自己的元素.

如果它不以自己为元素呢？它又和概念相符了.它应当以自己为元素.这就陷入了两难之境.

罗素悖论的特点是只用到"集合""元素""属于"这些最基本的概念.引进集合的原则正符合弗雷格的概念外延的方法.实质上也就是康托尔所主张的用描述集合元素性质的方法来定义集合.从如此基本的概念出发竟推出了矛盾,这就表明在集合论中存在着大漏洞.把集合论作为算术的基础,整个数学的基础,这一想法遭到严重的打击.

弗雷格迅速地给罗素回复了信.他说:"哎呀!算术动摇了."他在即将出版的《算术基础》中写了一个后记,说:"在工作结束之后而发现那大厦的基础已经动摇,对于一个科学工作者来说,没有比这更不幸的了."

罗素悖论给当时正为了微积分的严格基础被建立而欢欣鼓舞的数学家泼了一盆冷水.一向认为推理严密、结论永远正确的数学,竟在自己最基础的部分推出了矛盾!而推出矛盾的推理方法如此简单明了①,正是数学家惯用的方法,数学方法的可靠性又何从说起呢？

这就是所谓第三次数学危机.

5.3 集合的层次理论

罗素悖论出现之后,数学家觉得,再像康托尔那样直观地说明什么是集合不行了.像弗雷格那样用概念的外延来定义集合也不行了.但是,又怎么引入集合而又去掉悖论呢？

罗素提出了层次理论.他认为集合也好,概念也好,都应当是分层次地引入:

最基本的一层是第 0 层.第 0 层的东西都是个体,不是集合.

以第 0 层的个体为元素的集合是第 1 层集合;

第 2 层集合的元素,只能是第 0 层和第 1 层的;

第 3 层集合的元素,只能是第 0、1、2 层的;

……

---

① 罗素悖论可以用简单的数学符号表示:用字母表示集合."x 是集合 y 的元素"写作"$x \in y$"(读作"x 属于 y",而"$\not\in$"读作"不属于").罗素悖论是先定义集合 R,定义是:"$x \in R$ 当且仅当 $x \not\in x$".而用这个定义检验 R 自己时就成了:"$R \in R$ 当且仅当 $R \not\in R$".这是个矛盾!

第 $n+1$ 层集合的元素,只能是第 $0,1,\cdots,n$ 层的.

定义集合的时候,必须说明层次.这样,罗素悖论便不存在了.因为悖论中"所有不以自己为元素的集合构成的集合"这个定义,没有说明是哪一层的,违反了规则.

相应的,罗素把逻辑概念、谓词、命题都分了层次和类型.

用这种办法,罗素与怀德海合作写了一本巨著《数学原理》,把算术归结到逻辑.

但是,罗素的理论太复杂,太庞大了.

数学家本来希望数学建立在简明可靠的牢固基础之上.现在,搞出了这么复杂的基础,有什么意思呢?

5.4 集合论的公理化

数学家希望用比较简单的方法解决罗素悖论,不倾向于接受罗素庞大的设计.

为什么会出现罗素悖论呢?大家都觉得是因为集合概念太广泛,太松,太不严密了.按康托尔和弗雷格的想法,每个条件就可以确定一个集合,亦即每一个概念的外延可以确定一个集合,这叫作集合的概括原则,也叫无限抽象原则.大家认为,罗素的悖论,就是不加限制地使用无限抽象原则的结果.

怎样才能把这个原则限制一下,使我们可以用它定义出数学中有用的集合,而不至于出现悖论呢?

首先想出了一套办法的是策墨罗.他提出了一个"有限抽象原则".这个原则是说:如果有了一个集合,又给定一个条件,那么这个集合中所有满足那个条件的元素可以构成一个集合.这个原则其实是说,谈概念的外延要事先划定范围.对于数学家来说,这个原则基本上够用了.因为数学家用的集合——某些点的集合,某些图形的集合,某些公式的集合,确实是划了范围的.

为了保证集合和集合可以作运算(如:两个集合合起来成为一个集合),保证无穷集存在,保证原来康托尔素朴集合论中的一些推理通行无阻,策墨罗还提出了另几条公理.策墨罗的公理系统后来经过弗兰克、斯柯伦的补充修改,更为合理与完善,叫作 ZFS 公理系统(即

Zermelo-Fraenkel-Skolem 系统). 这就是现代数学中用得最广泛的集合论公理系统.

在公理化了的集合论中, 有两个不加定义的基本概念, 一个是"集合", 一个是"∈"(读作属于). 集合用小写拉丁字母表示. 所谓公理, 就是规定了一些有关"∈"和字母的组合使用方法. 这些方法我们直观上可以认为它有某种意义, 但它们的使用规则却与我们的理解无关.

这样, 确实消除了罗素悖论.

但是, ZFS 公理系统所描述的集合, 是不是与我们所想象的集合完全一致呢?

在描述空间性质的几何学里, 我们发现了几种不一致的几何公理系统. 在描述数量性质的集合论里, 会不会有本质不同的公理系统呢?

5.5 连续统假设

康托尔的最突出贡献之一, 是发现了无穷集之间可以比较大小. 特别是具体证明了实数比自然数多. (见本书第四章)

那么, 有没有这么一个集合——例如, 实数集的某个子集——它的元素比实数少, 但是比自然数多呢?

在多数数学家看来, 答案只能有一个: 有或者没有. 因为自然数和实数都是十分具体的东西. 它们的性质应当是确定的. 这种观点叫作数学实在论. 有些哲学家认为数学实在论是一种唯心主义的观点. 但数学家把自己研究的对象想象成实在的东西, 也许是很难避免的一种倾向.

康托尔猜想, 在自然数集与实数集之间没有这么一个中间大小的集. 这个猜想叫连续统假设. 这是因为实数集被称为连续统. 跨世纪的大数学家希尔伯特在 1900 年国际数学家大会上提出的著名的 23 个问题中, 第一个问题就是连续统假设问题.

尽管这个问题至今没有彻底解决, 但对它的研究已相当深入.

哥德尔证明: 如果认为连续统假设成立, 在 ZFS 公理系统中不会出现矛盾.

这么看, 连续统假设也许是真的了!?

可不久, 科恩(P. Cohen)又证明: 如果认为连续统假设不成立, 在

ZFS 公理系统中也不会出现矛盾.

这就怪了. 明明应当有确切答案的问题, 却是对也可以, 错也可以!

这恰像几何里的平行公设那样, 假设它成立可以得到欧氏几何, 假设它不成立可以得到非欧几何. 认为连续统假设成立, 可以得到"康托尔集合论". 不成立, 得到"非康集合论"!

由于集合论在数学中的基础性远比几何重要, 数学家不愿接受两种集合论. 他们想, 这主要是因为 ZFS 公理系统还太粗糙, 没有把集合的性质充分描述出来. 经过研究, 又提出了"康托尔全域"的概念.

康托尔全域是指满足一定条件的集合. 这些条件涉及更专门的知识, 这里不说了. 在康托尔全域中, 连续统假设要么成立, 要么不成立. 但究竟是否成立, 现在谁也不知道!

上例说明在最简单的基本概念后面, 竟隐藏着巨大的困难.

5.6 地平线仍在前方

集合论的公理化, 解决了罗素悖论带来的困难, 但并不意味着万事大吉.

第一个问题是: 罗素悖论解决了, 会不会哪一天冒出一个新的悖论出来呢? 能不能证明在新建立的数学系统中永远太平无事, 不出矛盾了呢? 这就是所谓数学的协调性问题. 这个问题, 后面在介绍哥德尔定理时再详细讨论.

第二个问题是: 集合论可以用公理表述, 但公理系统却不止一个. 在不同的公理系统之中, 数学家如何选择呢?

例如, 策墨罗提出一个公理, 叫"任意选择公理". 这个公理是说: 如果有了一些非空集合, 这些集合之间没有公共元素, 那就一定存在这样的集合, 它与每个已给的集合有一个公共元素. 或者直白地说: 给了一些非空集合, 我们就可以从每个集合中任选一个元素作为代表. 这些代表们组成一个集合.

有了这条公理, 策墨罗证明了一个重要的结果: 任何两个集合之间都可以比较大小.

但要不要这条公理呢? 数学家之间就产生了不同意见.

赞成这个公理的数学家认为,这个公理当然成立.既然是非空集合,从其中随便指定一个元素有什么不可以呢?

反对者则说:要指定哪个元素,就实实在在地指定出来,给出个具体规则.光空口说可以指定是不行的.

比方说,任给一个由自然数组成的集合,选个代表是容易的,选其中最小的就好了.但如果任给一个实数集合,这个代表根据什么原则产生呢?谁也提不出什么办法,只有靠任意选择公理,才说是总可以选出一个来.

要是不承认任意选择公理,数学中有些重要结果就证不出来.

要是承认任意选择公理呢?就会出现一些怪定理.例如,豪司道夫应用任意选择公理证明:可以把一个球体分成有限个部分(每一部分是由点组成的一个集),重新组成两个同样大的球体!

那么,在 ZFS 公理系统中,要不要添上这条选择公理呢?这就是个问题.

过去,哲学家只关心数学的出发点——公理.至于从公理出发又得到什么,那是数学家的事.现在发现了新的情况:光看公理,有时是看不出什么问题的.对哲学有着重要意义的问题,往往是在深入的数学工作之后才暴露出来.任意选择公理就是一个例子.

现在,数学家仍在找寻更好的集合论公理系统.

第三个问题就更带有哲学味道了:如果数学从头到尾全靠公理,公理又只是约定的规则,那么,数学对象的意义又是什么呢?

长期以来,人们认为数学的出发点应当是一些大家一眼就能看明白的自明之理.由此应用演绎的推理方法,一步一步推出一眼看不出来的结论.那么,什么是自明之理呢?

原来以为,有 1 就有 2,有 2 就有 3,有 3 就有 4,这是自明之理.后来,皮亚诺把这种产生自然数的方法归结为 5 条公理,算术理论就被形式化了.形式化之后,规则成为约定.

弗雷格和康托尔追求比皮亚诺公理更基本的东西,找到了集合.他们认为"一个条件确定一个集合"(也叫概括原理)是自明之理.这才是数学的基本生长点.但恰恰是在这一点上出了大问题——产生了罗素悖论.

数学家和哲学家追求数学的最初生长点的研究,恰像一次向远处的地平线走去的旅行.终点似乎就在前面,但走过去之后发现,它还在前方.

但旅行者毕竟一次又一次地大开眼界.他发现了越来越广大的世界.

数学经历了三次"危机".

第一次危机的结果,是严格的实数理论的建立.数学家回答了"什么是连续性?"这个古老的哲学问题.

第二次危机的结果,是微积分的严密基础的建立.数学家掌握了描述运动与变化的有效方法.彻底弄清了"芝诺悖论",回答了"运动是怎么回事?"这个古老的哲学问题.

第三次数学危机,涉及"数学自身的基础是什么?"在这次"危机"产生前后,一些卓越的数学家卷入了关于数学本质问题的激烈争论之中.危机的结果,产生了"数学基础"这个至今尚在蓬勃发展的数学领域.

矛盾是事物发展的动力.这个原理在数学发展过程中不断地得到证明.

六 数是什么
——对数学对象本质的几种看法

有时,看起来简单的问题,反而难于回答.因为事情已经简单得很难再简单了,只能用较复杂的概念来说明它.但是,把简单的东西复杂化,能算是说明吗?

如果问复数是什么,那是容易回答的,因为复数可以用一对实数表示.问实数是什么,现在也不难回答了,因为实数可以用有理数的分割表示(见本书第一章).有理数呢,可以表为整数之比.整数归结为自然数.最后问到自然数是什么,就不那么容易痛痛快快的回答了.

这已不只是数学问题了.它同时也是个哲学问题.

它实际上是在问:数学所研究的对象本质上是什么?

我们试着从最简单的1开始讨论一下.

事实上,历史上长期存在着实数是什么,复数是什么等哲学困惑.到了19世纪,这些困惑由于数学家的大量劳动成果而被逐步廓清,自然数是什么的问题才终于被突出出来了.

6.1 "1"是什么

这似乎最简单不过了.我们从牙牙学语的时候,就知道了"1".一个皮球,一把椅子,一只白兔.

但是,1究竟是什么呢?是一个皮球吗?是一把椅子吗?是一只白兔吗?

又都不是.如果它是一个皮球,就不能又是一把椅子.但我们使用它的时候,它既可以是一把椅子,又可以是一个皮球,它还可以是一个别的什么东西.

可以说,1 是高度抽象的结果.

你坐着的这把椅子,看得见,摸得着,是具体的东西.铁木结构的,贴着木纹纸的.

如果说一把椅子,就不具体了.是哪一把呢?是新的还是旧的?木的,铁的?黄的,红的?大的,小的?都不知道,反正是一把椅子.这椅子是抽象的,不是具体的.但因为我们见过坐过具体的椅子,所以当听人说到"一把椅子"时,我们知道它是哪一类的东西.比方说,它可以坐人,坐上之后还可以向后靠.它不会比房间大,不会比拳头小,等等.我们从具体事物中得到抽象概念,又根据具体事物来理解抽象概念.

一把椅子,一只白兔,一个皮球,都已经是抽象的概念了.它已丢掉了事物的许多具体特征:椅子的质料,白兔的品种,皮球的颜色,等等.但还不算太抽象.因为它们是从具体事物直接抽象而来的.

在这个基础上,再抽象一次,把椅子、白兔、皮球这些东西又舍掉,便剩下了一个赤裸裸的 1.我们对它知道得更少了,它不是一把椅子、一只白兔或一个别的什么,它是纯粹的 1.

但我们对它的性质还可以有所了解.因为一只白兔和一只白兔在一起是两只白兔,一个皮球又一个皮球是两个皮球,一把椅子添上一把椅子是两把椅子,舍去了白兔、皮球、椅子之后,我们就得到了关于纯粹的 1 的纯粹的数量关系 $1+1=2$.

当然,我们还要同样地从具体事物中抽象出 2,抽象出"+"和"=".

因为 $1+1=2$ 是纯粹的数量关系,所以它可以普遍地运用.它可以表示一个人和一个人是两个人,可以表示一个星和一个星是两个星.它什么都不是,因而可以什么都是.

像一只空的箱子,你可以用它装任何它装得下的东西.像一笔没有设定用途的钱,你可以买任何它可以买到的商品.

作为赤裸裸的数 1,它仍有很多性质.如刚才说过的 $1+1=2$,以及 $1+2=3,1+5=5+1,\frac{1}{2}+\frac{1}{2}=1$,等等.其中它有一个特别的性质:任何数乘 1 仍得该数,如 $5\times1=5,1\times3=3,\cdots$.

在数学里,还可以再抽象.把 $1+1=2,1+2=3,\frac{1}{2}+\frac{1}{2}=1$ 这些

性质置之不顾,只考虑"任何数乘 1 不变"这一条性质,抽象结果,得到更赤裸裸、更抽象的 1,通常称之为"么元素"或"单位".

在数的乘法中,任何数乘 1 不变;

在向量的加法中,任何向量加 **0** 向量不变;

在矩阵乘法中,任何矩阵乘单位矩阵不变;

在函数复合运算中,任何函数与 $f(x)=x$ 复合不变.

于是,数 1、**0** 向量、单位矩阵以及恒等函数 $f(x)=x$ 都是相应运算下的"1",即单位或么元素.

数学概念就是这样一层一层地抽象出来的.各门科学都要进行抽象,但数学抽象得最厉害,一直抽象到"凡夫俗子"莫名其妙的程度.

刚才仅仅说到 1.几何中的点、直线、平面还不也是抽象的结果?!点没有大小,没有大小怎么看得见? 谁见过无穷的直线?

但只说数学概念是抽象的,是从现实世界的数量关系或别的关系、空间形式或别的形式中抽象出来的,并没有完全解决问题.即使从历史上引证许多事实,把抽象的过程描述得清清楚楚,哲学家还是可以提出各种各样的问题:

数学所研究的抽象物——数、点、直线,它们是客观存在的吗?

是在人认识它们之前就存在呢,还是在人认识它们之后才开始存在的呢?

人为什么能够进行这种抽象? 是来自先天的能力呢,还是来自后天的经验?

数学结论为什么老是正确呢?

两千多年来,特别是 19 世纪以来,数学家与哲学家对这些问题有形形色色的回答.

6.2　柏拉图主义——数存在于理念世界

通常认为,整个数学历史上或明或暗地有柏拉图主义的影响.特别是 19 世纪,柏拉图主义在数学实践中几乎占了统治地位.

柏拉图主义是这么一种观点:数学研究的对象尽管是抽象的,但却是客观存在的.而且它们是不依赖于时间、空间和人的思维而永恒存在的.数学家提出的概念不是创造,而是对这种客观存在的描述.

　　柏拉图(前 427—前 347)是有很大影响的古希腊唯心主义哲学家,他的老师苏格拉底和弟子亚里士多德,都是哲学史上有名的人物.他在政治上提出"理想国"的理论,主张在理想国里人分为金、银与铜铁三等,奴隶是三等之外的牲畜.而国家的统治者应当是像他那样具有广博知识并善于深刻思考的"哲学王".但是,那时当国王的人不学无术者还是不少的.他的政治理想不但没有实现,还被叙拉古国王抓起来贬为奴隶.幸亏他的一个学生把他赎了回来.他回到雅典后,办了一个被称为"柏拉图学园"的学校.这个学园存在了九百年之久.

　　柏拉图认为:存在着两个世界.一个是人们可以看到、听到、摸到的由具体事物组成的实物世界;另一个是理智才能把握的理念世界.具体的实在世界是相对的,变化的;而理念世界则是绝对的,永恒的.

　　比如,像你、我这样的具体的人,像我们坐的具体的椅子,属于实在世界.而抽象的"人""椅子",属于理念世界.理念世界是永恒的真实存在,实在世界不过是理念世界的幻影!

　　柏拉图很重视数学的研究.他认为,数和几何图形,都是永存于理念世界的绝对不变的东西.他主张通过研究学习数学来认识理念世界,甚至说认识不到数学的重要性的人"像猪一样".

　　他认为,数学概念,如 1,2,3,是人生前灵魂中固有的东西,得自于理念世界.在生活中,由于具体经验的启发或通过学习,唤醒了沉睡的记忆,回忆起了理念世界的知识.

　　柏拉图的思想对后人有很大影响.许多卓越的数学家,像集合论的创始人康托尔,认为数学概念是独立于人类思维活动的客观存在,这与柏拉图的看法是一致的.

　　和毕达哥拉斯类似,柏拉图仍然是颠倒了具体事物与抽象概念的关系.事实上,概念不是本来就有的,是人在与具体事物打交道时产生的.为了建立合理可信的数的理论基础,数学家建议了多种不同的方案,这只能表明人们的思维活动形成了从不同角度反映现实的概念体系,而不是回忆起了共同的理念世界的真理.

　　当然,柏拉图的"认识即回忆""现实世界是理念世界的幻影"这些观点,数学家是很少有人接受的.所谓数学中的柏拉图主义,只不过是主张或认为数学对象如自然数、点、直线是客观存在的东西而已.

例如,柏拉图主义认为,自然数总体是存在的,线段上的无穷多个点是存在的.

数学家有柏拉图主义的观点,看来倒不是因为读了柏拉图的著作.许多数学家不一定知道柏拉图是什么观点.当数学家痴迷地进行着创造性的思维活动时,他自然而然地产生一种感觉或感情,觉得自己所探索的不是抽象概念之间的关系,而是客观世界的真理.数学家在引进一个新概念时,他会认为自己是发现了本已存在的东西.这种感觉产生的原因,除了由于献身科学的热情之外,还由于数学的特点.数学结论虽然是人推出来的,但它有客观性.一个方程有多少根,有哪几个根,是客观的.一个定理,可能被不同的人同时发现.就像它在有人类之前就隐藏在什么地方一样.

唯物主义哲学家,从亚里士多德开始,始终在批判柏拉图主义,但这种批判在数学领域收效甚微.原因除了上面所说的之外,还由于对"存在""客观存在"的概念始终说不清."存在"这个概念,数学家之间、哲学家之间、数学家与哲学家之间,都有不同的理解.哲学家两千多年来,始终没有给"存在"下一个严格的定义,而且似乎也难于定义.不但没有统一的定义,就连自圆其说的定义也没有.

主观唯心主义者贝克莱主张:"存在即被知觉."按这个定义,数、点、线都不存在了,因为看不见,摸不着,听不到,嗅不出.但是,唯物主义者难道同意用主观唯心主义来批判柏拉图主义吗?

存在主义哲学家萨特主张:"存在是人的存在."按这个定义,抽象的数学概念就都不是存在的了.但是,唯物主义者难道同意用存在主义来批判柏拉图主义吗?

唯物主义主张,世界是物质的,物质是唯一的存在.如果把存在定义为物质,当然抽象的数学对象就不存在了.因为不是物质.但是,为什么只有物质才存在呢?这与对物质的理解有关.当爱因斯坦的相对论揭示出物质与能量可以转化时,当物理学家提出场的理论时,有人说唯物主义错了,因为世界上不仅有物质,还有场,还有能,等等.列宁反驳说:唯物论者所说的物,并没有具体地指明是什么,只是客观存在、不以人的意志为转移的、构成这个世界的东西.场、能都是物质的存在形式.这就表明:无论科学有了任何新成就,都不足以反驳唯物论.科学发现世界上有什么存在,所发现的东西都可以叫作物质.关键在于物质是客观的.这样一来,主张数学对象存在的人就会说:数学对象恰好是客观的,不以人的意志为转移的.这是真的.数学家可以引入概念,但概念的性质如何却由不得数学家自己.

现代科学提出的一种观点认为:世界万物由三要素构成——物质、能量与信息.那么,数学对象可不可以作为信息而存在呢?

此外,数学家所理解的存在,和哲学上所谓存在并不是一回事.在数学家看来,凡是按一定法则证明了存在的东西就是存在的.不过,对于所使用的法则是什么,数学家之间也有争论.

柏拉图主义对于数学的发展,是起着积极作用还是消极作用呢?这也是一个复杂的问题,值得哲学家进一步探究.

6.3 唯名论观点——数是纸上的符号或头脑中特定的概念

唯名论哲学思想产生于 11 世纪,是经院哲学中较具进步倾向的一派.其早期的著名代表是洛包林(约 1050—1112).

唯名论者认为客观存在的事物只有具体的个别的东西.这个人,那个人,这把椅子,那把椅子,都是存在的,而一般的、抽象的人,椅子,不过是记号,是词,是名称而已.

按照唯名论的观点,柏拉图的理念世界消失了.数不过是符号,是名称.数不存在于客观世界,只存在于纸上,黑板上,或思考它的人的头脑之中.

他们认为,数是在历史上出现的东西.当人们把它写下来,它就出现了.当人们头脑中想到它,谈论它,它就出现了.

这里在逻辑上有两重困难:

首先,如果数仅仅是符号,当不同时代,不同的人,不同的国家用不同的方式来写出表示 1 的不同符号时,我们有多少个 1 呢?在数学里,只有一个唯一的 1!

如果数是由于人的头脑里出现了它才存在名称——尚未写下的符号,或尚未发出的声音,那么,有些很大的数,由于太大,无法记下来,无法说出来,甚至没有人具体想过它,它是不是存在呢?

唯名论者对数的认识带有机械唯物主义的倾向.数学家很难接受

这种观点.但直到 20 世纪,仍有人在努力发展这一观点使之趋于更为合理.

6.4　康德:数是思维创造的抽象实体

18 世纪末开始兴起的德国古典哲学,是欧洲三千年来古典哲学的优秀成果的总汇,又是马克思主义哲学的理论渊源.康德(1724—1804)是德国古典哲学的开创者,他的思想对近代哲学界、科学界影响很深.

康德认为,人的知识离不开经验,但又依靠头脑中先天的认识能力去整理经验.先天的认识能力是"形式",后天的感官经验是"材料",用形式处理材料,能形成具有普遍性、必然性的科学知识.

康德把人的先天认识能力分为感性、知性和理性三种.感性是掌握数学知识的能力,知性是掌握物理学知识的能力,理性企图超越现象世界去认识什么"自在之物",结果什么也得不到!

感性又怎么才能掌握数学知识呢?康德认为人的先天感性直观形式有两种:时间和空间.用先天的时间观念整理关于事物的多与少的经验,便创造了数的概念.因为数是一个接一个,有先后顺序的.用先天的空间概念整理关于事物的形状的经验,便创造出了几何公理.

一句话,按康德的观点,数是人总结经验创造出来的,但人是靠先天的直观才把它创造出来的.因此,像 5+7=12 这些规律,人是靠先验的洞察力——直觉能力——而肯定其正确性的.康德的这种观点叫"概念论".

有什么先天的空间和时间的感性直观吗?初生的婴儿有时间和空间的直观吗?如果说不能证明婴儿有时间和空间的直观,只能说人的时间感与空间感是在一定年龄形成的,他在世界上已生活了若干年,他的感觉经验和周围的年长者把时空直观能力教给了他.

我们的空间感觉,上、下、前、后、左、右,与地球上的重力和我们的身体结构有关.在重力场中生活使我们习惯了上、下之分.我们的面、背、双手使我们形成前后左右的观念.也许将来人们可以试验,在宇宙飞船空间站的失重条件下长大的孩子,他的上下观念与地球上的人是否完全一样.

康德的思想,在 19 世纪一部分数学家当中有深刻的影响.它是后面将谈到的直觉主义与构造主义的哲学背景.

6.5　约定论的观点——数学规则不过是人的约定

约定论的观点,是现代西方逻辑实证主义哲学中的看法之一.这种观点认为,数学的公理、符号、对象,结论的正确性,无非是人们之间的一种约定.按约定的规则承认什么是存在的,什么是不存在的,什么是正确的,什么是不正确的.

为什么 2+2=4 呢? 这是约定.我们按约定的规则认为,或推出在等式两端这么写是对的.线段上是不是有无穷多个点呢? 这本来在哲学上是长期争论过的.柏拉图认为线段是由无穷多个点组成的,他承认无穷是实在的.而亚里士多德坚决反对,他认为只有现实世界是存在,没有实无穷.而约定论者怎么看呢? 他们说,这要看是怎么约定的了.约定线段由无穷多个点组成是可以的.作相反的约定也是可以的.也可以约定另一些性质与推理规则,如果按约定的性质与推理规则推出线段上有无穷多个点,那么,按约定,就应当承认线段上有无穷多个点.

这么一来,在约定论者看来,数学可以是没有实际内容的,甚至是空的.

确实,数学中的术语、定义具有约定的性质.但它不完全是任意的约定.约定论无法说明为什么数学家普遍使用基本上一致的推理规则,也无法解释为什么由约定而产生的结论和现实世界符合得这样好,为什么数学有如此广泛的应用.

试和象棋比较一下.象棋规则确实是一种约定.在严格性、确定性和抽象性方面,数学很像象棋.或者说,可以把象棋作为一种数学.但数学的主要部分绝不是象棋.数学的大量结论可以在实践中应用,但象棋的结论——如"单马胜单士"之类,只对棋手有用.

约定论对数学的解释,完全避开了实质性的问题.避开了数学的内容.它无法使人对数学有更深刻的认识.

6.6　逻辑主义——算术是逻辑的一部分

前面所讲的,是一些哲学观点,是所谓认识论的问题.主张这种观点的人,不一定真的在数学中做什么事来实践这种观点.下面将谈到的逻辑主义、直觉主义和形式主义,却是 19 世纪的数学家中的三大派别.在所谓第三次数学危机中,每一派都力图按自己的观点建造数学的基础.在数学基础这个领域的形成过程中,他们都做出了卓越的贡献.

这三个学派,即以英国哲学家兼数学家罗素为代表的逻辑主义派,以德国数学家希尔伯特为代表的形式主义派和以荷兰数学家兼哲学家布劳威尔为代表的直觉主义派.

逻辑主义的主要人物罗素和弗雷格都是柏拉图主义的支持者.他们认为,自然数是客观存在的.人要认识这种存在,并不需要引进特别的假定,也不需要康德所主张的某种关于数的先天直觉,只要从一般的逻辑出发就可以了.于是他们亲自动手,在逻辑的基础上建立算术,进而建立整个数学,以证明数学是逻辑学的一个分支.弗雷格和罗素的这方面的工作,在第五章我们已作过介绍.

他们的想法是,既然仅从逻辑出发便能建立数学,这就表明数学对象是客观存在的了.

弗雷格的工作,由于罗素悖论的出现而受到挫折.罗素与怀德海从头重新做起,建立了庞大的结构,总算实现了把算术还原为逻辑,或者说,还原为集合论.但为了使自己的层次理论不太复杂,罗素最后提出了一个"可划归公理".这么一来,就不是完全在逻辑上建立算术了.因而有的数学家评论说,在罗素的巨著《数学原理》中,数学不是建立在逻辑学上,而是建立在一种逻辑主义的乐园中.

逻辑主义的后继者的研究,化简了罗素的理论,但却不像是逻辑,而越来越成为公理化的集合论.

这样,逻辑主义本来想用自己的工作论证柏拉图主义,结果并没有成功.算术是划归到集合论了,但集合论的公理系统却有好几个,因而不能说是纯粹的逻辑了.按柏拉图主义的观点,集合的性质是客观的,人们要做的只是认识它与描述它,而不是定义它.现在,我们选哪种集合论来描述存在于"理念世界"的真正集合呢?

当然,这并不足以说服柏拉图主义者.他们可以说:总有一种是描述了真正集合的.这一种正确的描述也许尚未找到,也许就在这几种之中.但这样辩解时,柏拉图主义的吸引力就大为减弱了.

尽管逻辑主义的目的并未实现,但他们的工作证明了数学可以以集合论为基础,并导致了公理化集合论的蓬勃发展.

6.7 直觉主义——数学概念是自主的智力活动

直觉主义的哲学思想来自康德.它特别强调人的直觉对数学概念的作用.

作为直觉主义学派的创始人和代表人物,布劳威尔提出了他对数学对象的看法.

数学中最基本的东西是什么呢?他认为是自然数.自然数怎么来的呢?他认为是靠人直观地理解从 1 开始每次加 1 这个过程.也就是反复领会这么一串符号

$$|,||,|||,||||,|||||,\cdots$$

当然,也可以是

$$*,**,***,****,\cdots$$

他认为,人确实具有先天的直觉能力,肯定这样能一个一个地把自然数构造出来.因此,数学对象是人靠智力活动构造出来的.

这样,就否定了柏拉图主义自然数是客观存在的观点.认为自然数客观存在,必然认为自然数总体是存在的.因而承认实无穷,即无穷集合.如果认为自然数是这么一个一个构造出来的,承认不承认自然数总体呢?布劳威尔认为不能考虑自然数总体.因为直觉可以想象构造出每一个确定的自然数,却不能想象构造出全体自然数的过程,因为那需要无穷的时间.

康德认为人的数学直觉分为时间与空间两方面,布劳威尔认为,时间直觉已经够了.有时间感,可以分先后次序,就可以从直观上把握自然数的产生过程.

直觉主义认为,数学的对象,必须能像自然数那样明显地用有限步骤构造出来,才可以认为是存在的.什么全体自然数,全体实数,统统无法考虑,因为构造不出来!因此,他们主张一种"构造性数学".于是,直觉主义也被叫作构造主义者.

这种否定实在无穷的观点,最早可以追溯到亚里士多德.在数学家当中,康托尔的老师克朗南格也反对无穷集的观点.主张数学研究的对象一定要能够在有限步骤之内构造出来.构造不出来的就不存在.

比如,$\pi=3.14159265\cdots$,它的每一位小数都是可以计算出来的.现在用下述办法定义一个数 d:

(A)如果数列"0123456789"在 π 的十进小数表示式中反复出现无穷多次,就规定 $d=1$.

(B)如果数列"0123456789"在 π 的十进小数表示式中不出现或只出现有穷多次,就规定 $d=0$.

按数学上通常的理解,这个数 d 是存在的.它或者是 0,或者是 1,因为(A)(B)必有一成立.

在直觉主义者看来,d 不存在.因为没有给出一个办法把 d 构造出来.

这样,直觉主义者就否认了逻辑上"排中律"在数学中的应用.在数学中,常常使用反证法.反证法就是应用排中律.而直觉主义就不同意使用反证法.他们主张,要证明一个命题,只能从正面证明.用反证法只证明了命题的否命题不成立,而没有证明命题成立.

这样一来,事情就闹大了.集合论,实数理论,微积分……各个数学分支的大部分基本论证都成为不合法的了.因此多数数学家都不接受直觉主义的观点.因为损失太大.

布劳威尔在自己观点指导下开始了庞大的工程.他建立了构造性的数学:构造性实数,构造性集合论,构造性微积分.在计算机出现之后,构造性数学有了大用场.因为计算机只处理可构造出来的具体符号串.

直觉主义派不但没使数学受到损害,反而用构造性数学使这一领域大大丰富了.

还有一个有趣的现象:直觉主义派的数学家自己的数学实践活动并不限于构造性数学.像波雷尔、庞加莱、勒贝裕这些数学大师们,尽管观点上是直觉主义的,但他们在数学上的主要贡献都是非构造性.布劳威尔在数学上最突出的贡献是"不动点定理",这个定理的证明用的恰恰是布劳威尔所禁止使用的反证法.

我国著名数学家吴文俊教授指出,中国古代数学是构造性数学.

在每一个问题中都力求给出构造性的解答. 吴文俊教授还指出：由于计算机技术的发展, 构造性数学在不远的将来将出现大的发展, 甚至成为数学的主流.

但是, 直觉主义的观点和工作仍没有达到否定柏拉图主义的目的. 他们使数学家认识到, 数学论证有可构造与不可构造之分. 但又怎样使持有柏拉图主义的数学家承认：不可构造的数学对象在客观上是不存在的呢？

6.8 形式主义——把数学化为关于有限符号排列的操作

以希尔伯特为领袖的形式主义学派, 在近代数学中发生了最大的影响.

希尔伯特是一位通晓各个数学领域, 并且关心数学在物理中的应用的数学大师. 他晚年转向于数学基础的研究, 提出了被称为"形式主义"的观点.

通常认为, 形式主义是支持柏拉图主义的. 目的是通过形式化为柏拉图主义数学建立稳固可靠的基础. 形式主义者主张使用符号推演代替语言, 而符号的使用方法要靠约定的规则. 但是, 形式主义派与前面提到的唯名论、约定论在哲学观点上并不一样. 对于形式主义者, 数学是有其实质内容的, 而且数学对象是可以客观地存在的. 形式化的方法不过是使数学推理严格化的手段.

按照形式主义的要求, 首先应当有一个符号表, 其中只有有限个符号. 这些符号是准备用来代替我们日常讨论数学问题的语言的.

就像用字组成句子一样, 符号可以组成所谓的公式. 有些公式可能没什么意义, 有些公式可能有意义. 有意义的公式叫"合式公式". 当然, 什么叫"合式公式", 都是要用具体的不含糊的规则来说明的.

合式公式相当于命题. 从合式公式中选择一些基本的公式, 相当于公理. 为了从"公理"推演出别的"公式"——定理, 应当有一些推理规则. 这些推理规则也是一一明确列出的：即什么样的符号串可以换成什么样的符号串.

于是, 数学推理就变成完全确定了规则的符号操作了.

为了能推出现有的丰富的数学知识, 基本公式——公理的选择应当遵循我们的基本数学概念,推理规则的建立应当符合常用的逻辑法则.这样运用操作规则从基本公式推出别的公式,就叫作证明.

对这套符号系统的研究,叫元数学或证明论.

在进行符号操作的过程中,数学家思想上认为这些符号是有确切数学含义的.例如,某个符号代表某个无穷集之类,由你去想.但这样理解丝毫不能影响具体的推演过程.推演过程完全与你的理解无关.不过,数学家的理解有助于提高推演的技巧.

当然,对这种形式系统的研究,只能用日常的,非形式的语言了.

直觉主义派不是主张构造性数学吗?形式系统只用有限个符号组合来组合去,不涉及无穷过程,确实是构造性数学.

但是,用这种形式系统确实能描述出非构造性数学的内容.

比如无穷吧,无穷集合是非构造的,但我们描述无穷集合性质用的语言却是有穷个符号的排列.于是,无穷可以用有穷表示,用有穷个符号之间的推演来描述.直觉主义派反对使用无穷集等概念,却没有理由否定有穷个符号的推演.但从事推演的数学家,头脑里又可以想着无穷.

可以说,形式主义的方法挡住了直觉主义向非构造性数学的攻击.

希尔伯特建立了元数学——形式系统的数学之后,提出了两大目标:

既然数学命题可以用形式系统的"合式公式"来表示,那么,是不是所有的真命题都能在形式系统之内证明呢?也就是说,应用形式的推演规则,能不能推出所有的真命题呢?

这里,是承认排中律的.一个命题和它的否命题总有一个是真的.如果推不出该命题,就应当能推出它的否命题来.这就叫作能推出所有的真命题.

如果能推出所有的真命题,就说这个系统是完全的.

另一方面,形式系统会不会推出矛盾呢?会不会既能推出某一定理,又能推出这个定理的否定呢?数学家当然希望不会推出矛盾.如果推不出矛盾,就说这个形式系统是协调的.

希尔伯特的两大目标,就是证明形式数学系统的完全性与协调性.

遗憾的是,进一步的研究表明,这两个目标都是不可能达到的.在本书第七章专门来谈这个问题.

希尔伯特的两个目标虽然落空,但将数学形式化的基本思想作为一种原则几乎被广泛接受.并且,对元数学——证明论的研究发展成为数学基础领域的重要部分.

对数的本质的研究,对数学对象本质的研究,促进了数学基础和数学哲学的大发展.但对"什么是数?"这个问题,对"数学的真理意味着什么?"这个问题,依然没有一致地回答.

进入 20 世纪中叶以来,逻辑主义、直觉主义、形式主义之间的争论渐渐平息了.数学家发现,无论哪一派的主张,都不可能令人满意地、一劳永逸地解决数学基础的问题.不同观点的数学家,沿着自己选定的道路前进,发现大家不约而同地到达同一个地方:数学研究的对象是一些关系与形式,这些关系与形式可以用有限符号来表达,它又能包含着无限丰富的内容.丰富的数学内容无法简单地归结为逻辑,也不能仅视为人的直觉的创造物.它的正确性更不可能用符号的推演来最终证明,各派最后都导致对"算法"的研究,在这一研究基础上出现了计算机的理论.

至于"什么是数?""什么是数学的对象?"这样的问题,恩格斯曾作过概括地回答:纯数学的对象,是现实世界的空间形式与数量关系.而且指出"为了能够从纯粹的状态中研究这些形式和关系,必须使它们完全脱离自己的内容,把内容作为无关紧要的东西放在一边……"今天,数学的研究范围已远远超过恩格斯所处的时代了.数学不但研究空间形式与数量关系,还研究现实世界的任何形式和关系——只要这些关系能抽象出来,用清晰准确的方式表达,所谓化为数学模型.不但如此,数学还研究在逻辑上可能的形式与关系——尽管它们暂时还没有被人们在现实世界发现,也许将来也不会发现.

因此,可以说,数学的研究对象是抽象的形式与关系.抓住这一本质加以痛快淋漓地发挥的是 20 世纪的布尔巴基学派.我们将在另一章中专门谈他们的工作.

七 是真的,但又不能证明
——哥德尔定理

数学在它成长的过程中,一再取得辉煌的胜利,征服了无数难题.但也碰过不少钉子,发现有些本来想做而又没做到的事是确实不可能做的.对这种不可能性的认识,实际上也是辉煌的胜利,且是更深刻的胜利.

在这个意义上,数学没有失败过.

古希腊数学家,提出过用圆规直尺三等分任意角、作出面积等于已知圆的正方形、作出体积为已知立方体的 2 倍的立方体等问题.人们碰了两千年钉子,终于证明了这都是不可能的.这是一大胜利.

数学家早就会解一次和二次代数方程.到了 16 世纪,又发现了三次和四次代数方程的求根公式.在成功的鼓舞下,进而寻求五次和更高次方程的根式解法.经过 200 多年的努力,终于证明了这是不可能的.这又是一大胜利.

从欧几里得的《原本》诞生后不久,数学家就开始努力证明第五公设.两千多年的钉子没有白碰,结果是非欧几何的出现.数学家从此对"公理"的意义有了新的认识.这可以说是从反面得来的最大胜利了.

对几何基础的研究,使数学家认识到公理系统应具有的特点,那就是独立性,完全性,协调性.

独立性是指:一条公理不能从另几条公理推出来.

完全性是指:在这个公理系统中,任何一条命题,或者可以被证明,或者可以被否定.在欧几里得几何中,如果去掉了平行公理,就不是完全的了.因为平行公理作为一条命题,既不能被证明,也不能被否定.添上平行公理,或添上平行公理的反面命题,可以证明一定是一个完全的系统.在数学中,一般说来,公理的完全性并不重要.

协调性是指:从公理出发,推不出矛盾来.这当然是最重要的.如果数学结论可以自相矛盾,那数学还有什么意义呢?

协调性的证明,开始是用构造模型的方法.例如,在第二章里谈过,可以在欧氏几何之内构造一个非欧几何的模型——也就是用欧氏几何的术语给非欧几何一个解释.如果欧氏几何是协调的,欧氏几何内部的模型也不会出现矛盾,因而非欧几何也是协调的.

那么,欧氏几何是不是协调的呢?又可以在实数公理系统之内为欧氏几何构造一个模型.这就是大家熟悉的解析几何提供的方法:把一对实数(x,y)叫作点,把一次方程$ax+by+c=0$叫作直线……这就可以证明欧氏几何的协调性,如果实数公理系统是协调的话.

实数公理系统的协调性,可以在有理数系统内构造模型而得到证明,即用我们在第一章里讲的戴德金分割的方法.有理数系统的协调性,只有靠在自然数系统内构造模型了,这种模型就是把分数看成一对自然数.

这样构造模型,只能证明这种类型的结论:如果一个系统是协调的,则另一个也是协调的.这叫相对协调性.

最后,关于自然数系统的协调性,即算术协调性,如果不考虑集合论的话,就成了全部数学协调性的最后依托了.

希尔伯特提出了雄心勃勃的计划,希望证明算术系统的完全性与协调性.他说:"如果在数学这个号称可靠性和真理性的典范里,每人所学的、教的和应用的那些最普遍的概念结构和推理方法竟会导致荒谬,如果连数学也失灵的话,我们应该到哪里找寻可靠性和真理呢?可是,有一种完全令人满意的方法可以避免这些悖论."

什么方法呢?就是上一章我们介绍过的他的形式化公理方法.希尔伯特希望证明他构作的这个算术形式系统的协调性和完全性.即达到两点:所有算术的真理都可以得到形式上的证明,所有形式地证明了的算术命题都是真理.这样,由于数学已划归为算术,数学的真理性将建立在一个牢固的、通常的、直觉上可以承认的基础之上.

哥德尔定理的发现给这种希望以沉重打击.

7.1　哥德尔定理

青年数学家哥德尔在 1931 年发表的一条定理，使许多的数学家和哲学家都大吃一惊.

定理说：在包含了自然数的任一形式系统中，一定有这样的命题，它是真的，但不能被证明.（当然要假定系统是协调的，否则，任一命题的正面与反面都可以用反证法证明了.）

长期以来，数学家和哲学家总觉得，数学的真理总是可以证明的. 哥德尔定理表明，"真"与"可证"是两回事.

从道理上想，倒也可以理解. 比如哥德巴赫猜想：

"每一个大于 2 的偶数都可以表为两个素数之和"它对每一个偶数都是可以检验的. 但偶数无穷，一个一个地检验下去，如果猜想是错的，我们总会在某一天认识到它是错的. 如果它是真的呢？只好永远检验下去了.

于是我们希望证明它. 即对所有偶自然数，发现一个共同的理由来说明它应当可以表为两个素数之和. 但凭什么无穷多件事实该有一个共同的理由呢？很可能有无穷多种理由要分别指出，而不存在一个有限的统一证明.

是不是我们的公理系统不够完备，忽略了自然数的某些性质，因而使某些真命题证不出来呢？不是的. 即使再添上一百条公理，仍有证不出来的真命题. 因为哥德尔定理肯定了：任何一个包含了自然数的形式系统，都有证不出来的真命题. 添上公理之后，它仍然是包含了自然数的形式系统.

这就告诉我们，自然数的性质无限丰富，任何一个形式系统都休想将它全都包罗进去. 希尔伯特想建立一个具有完全性的形式算术系统的希望是不可能实现的了.

那么，算术系统的协调性又怎么样呢？哥德尔接着又证明了一个定理：

任何包含了自然数的形式系统，如果它是协调的，它的协调性不可能在系统之内得到证明.

这样，希尔伯特的两个目标都落了空.

7.2 说谎者悖论与理查德悖论

哥德尔定理的证明很长,需要一系列预备知识.这里可以从基本思想上弄通,怎么可能证出一个"总有不可能证明的真命题"这么一个古怪的定理出来.

有一个古老的悖论,叫说谎者悖论.就是这么一句话:

"我在说谎."

这是不是谎话呢?是谎话,它就是真的.如果是真的,它就是谎话!

哥德尔把它修改了一下,变成

"本命题是不可证明的."

这好像在悖论的边缘活动,但并没掉入悖论的陷阱.

如果这个命题可以证明,它就否定了自己,就表明自己是假的.因为在协调的系统中,可证明的都是真的,所以它一定不可证明.

如果这个命题的否命题可以证明,就表明它本身不可证,因为协调系统中不可能同时证明相互矛盾的两个命题.它本身不可证,又表明它是真的,所以否命题也不能被证明.

哥德尔用精致的手法把这个命题和上面的推理过程巧妙地转换成形式系统中的合理而严格的表述形式,就证明了不可证的真命题的存在.

所谓命题的"真",有没有确切含意呢?是有的.哥德尔所构造的这个命题,是涉及自然数 n 的命题.对每个具体的 n,它都可以检验并证明其真.但是,却不能从公理出发用逻辑规则把它推出来.

哥德尔定理还可以用另一个悖论来说明,这就是理查德悖论.

理查德悖论发表于 1905 年.这个悖论从实数的文字定义出发.例如:"圆的周长与半径之比"就定义了圆周率 π,"小于 10 的最大素数"就定义了整数 7,等等.因为文字符号是有限的,每一个定义的长度也是有限的,因而可以把所有的能够用文字符号定义的实数按定义的字典排列法编号:1 号,2 号……然后考虑这样一个实数,它的定义为:"a 是这样的实数:如果第 n 号实数的第 n 位小数是 0,a 的第 n 位小数就是 1,否则 a 的第 n 位小数为 0."这就又用文字符号定义了一个实数,它和 1 号,2 号……都不同.但是,我们不是已经把所有的实数都编了号吗? 这就有了矛盾.

按照下述方式,可以把理查德悖论改造成哥德尔定理.

形式系统中那些包含有自由变元 n 的命题形式,例如"n^3-1 必可被 6 整除"之类,可以按字典排列法编号:1 号命题,2 号命题,等等.然后规定:

$$a_{ij} = \begin{cases} 1(\text{如果第 } i \text{ 号命题当 } n=j \text{ 时真}) \\ 0(\text{如果第 } i \text{ 号命题当 } n=j \text{ 时假}) \end{cases}$$

$$b_{ij} = \begin{cases} 1(\text{如果第 } i \text{ 号命题当 } n=j \text{ 时可证}) \\ 0(\text{如果第 } i \text{ 号命题当 } n=j \text{ 时不可证}) \end{cases}$$

现在构造一个命题形式 $P(n)$:"$a_{nn}=0$",于是,$P(n)$ 应当是已编过号的某一命题形式.设它是第 k 号命题形式.现在考虑命题 $P(k)$,它的含意是"$a_{kk}=0$",即 a_{kk} 为 1 时它假,a_{kk} 为 0 时它真.如果它可证,就应当有 $b_{kk}=1-a_{kk}$.但一定有 $b_{kk} \leqslant a_{kk}$(可证一定真),故 $b_{kk}=0$ 而 $a_{kk}=1$,即有一个真的不可证的命题.

哥德尔把这些推理转换成形式系统里合理的表述,就完成了他的定理证明.

7.3 算术有多少种

在四千多年之久的悠长岁月中,所有的哲学家、数学家、物理学家都深信只有一种正确的几何,就是欧几里得几何.只有这种几何才真实地描述了我们在其中生活的空间.

19 世纪,非欧几何出现了.人们恍然大悟,原来几何可以不止一种.

那么算术呢? $1,2,3,\cdots$,自然数是如此之具体、简单、清楚、明白.算术总该只有一种吧? 自然数的性质,总应该包含在它的一个接一个地产生出来这种模式之中吧?

哥德尔定理的发现,使这种希望落了空.既然有一个命题,它的正反两个方面都无法证明,那就可以把这正反两个命题分别加到算术公理系统里,得到两种算术.得到的两种算术里,仍然有正面反面都不能证明的命题,于是又可以产生更多的算术.

许多不同的算术系统,它们有共同的部分,这部分不妨叫作绝对算术.它通常是算术中可以证明的那些结果.另外有些命题,在不同的算术中有不同的结论.公有公理,婆有婆理.

试想象一下,在某个算术系统中,哥德巴赫猜想成立,而在另一个算术系统中,哥德巴赫猜想不成立,这就比欧氏几何与非欧几何的矛盾更难理解了.

这告诉我们,形式系统尽管很有用,是数学研究的有力工具,但它不是万能的.它不足以帮我们认识全部的数学真理.

哥德巴赫猜想(或其他数论中的难题)是不是正确,客观上应当有唯一的回答(不过,这只是绝大多数数学家和逻辑学家的看法! 直觉主义数学家不承认排中律,也就不承认唯一可能回答的存在).但在不同的系统中却有不同的结论而各自都不产生矛盾,这岂不是荒谬的事吗?

这说明,形式的证明与客观的真,两件事一般是统一的,但也存在着对立的一面.形式证明是有限的,而自然数是无穷的.用有限的手段难于描述无穷的性质,这在哲学上也并没有什么不合理之处.

从数学的角度也可以解释形式系统的局限性.

在形式系统中,一个含有变元 n 的公式可以叫谓词,例如:"n 是素数".当 n 取具体的自然数时,公式可以成为真命题或假命题.像"3是素数"是真的,"6 是素数"是假的.这就把自然数分成两个部分.或者说,确定了自然数的一个子集合——使公式成为真命题的自然数之集.

公式可以编号.被公式所确定的自然数子集也可以编号.但是,自然数的所有子集是不可数的,所以一定有大量的自然数子集不与形式系统中的公式相联系.也就表明:任何形式系统不足以描述出自然数的一切性质.

话又说回来了.人的推理总要采用语言与符号,总可以表述为有限长度的符号列.这表明,无论用什么方法,总有一些自然数的子集是人类无法了解,甚至无法描述的.但我们又无法具体指出这些子集.因为一旦指出,也不就是描述出来了吗?

这里显示出人类认识的有限性与客观规律的无限性的矛盾.自然数从 0 或 1 开始,一个一个地增加,这过程是至为简单的.由具体的

1,2,3 到"任一个自然数 n"，这个飞跃已包含着认识上的一些困难了。因为 n 可能大得无法想象。一旦假定有了"全体自然数"，这就完全超乎我们的直觉能力，只有靠思维来认识它了。

但是，对纯粹的无穷，与有穷完全割裂开的无穷，认识它又有什么用呢？只有与有穷相联系的无穷，我们才需要认识。我们认识的无穷，恰好是它可以表现为有穷性质的那一些。人类应当以此满足。而大可不必为不能了解自然数的许多子集而苦恼。

7.4　数学的力量与局限

哥德尔定理让我们看到数学演绎推理方法的局限性。

但是，数学能自己论证自己的局限性，这又显示了数学方法的力量。

存在着在形式推理范围内不可证明的真命题，其实也没有什么了不得。人类对事物规律的认识总可以不断深入。在形式系统内不可证的命题，也许可以在系统之外——在更大的系统之内来证。

比方说，我们如果能知道哥德巴赫猜想在现在的算术系统里是不能证明也不能反证的话，就可以断定它一定成立。因为如果它不成立，必然可以被反证。这种推理方式已超出了形式系统的规则。当然，现在我们并不知道它能不能被反证。

我们也许还可以不断扩大算术形式系统，使系统能一次又一次地更全面地反映自然数的性质。尽管形式系统永远也不可能给自然数系以完全的描述，但人类的认识总能一次比一次更深入。

哥德尔定理表明，即使在数学这样最精确最严密的科学之中，也存在这样的事物，人对它的认识，永远也不可能达到绝对真理的地步。绝对真理是无数相对真理的总和，人只能在认识相对真理的过程中逼近绝对真理。

另一方面，哥德尔定理告诉我们，数学的协调性不能在算术的形式系统之内得到证明。但并没有否定这种可能：在形式系统之外证明算术的协调性。

确实，另外一些数学家，如甘岑（1936 年），阿克曼（1940 年），诺维科夫（1943 年），洛仑岑（1951 年），许特（1951 年），卡洛多夫斯基

(1959年),史坦尼斯(1952年),竹内外史(1953年),还有哥德尔本人,都作出过算术协调性的证明.当然,由于有哥德尔定理,这些证明都不可避免地要用到形式算术系统之外的一些假定.也就是说,在比算术系统更大的系统之内来证明算术的协调性.更大的系统是不是协调的呢?还要在更更大的系统中来证.总之,不能在系统自己内部来证.

我们看到了一个有趣的现象.包括微积分、几何在内的整个数学的协调性,是逐步划归到越来越小的系统的协调性的.到了算术系统,小得不能再小了,再想证明协调性,就反而要把系统扩大了.这真是"物极必反"!

对数学基础的研究正是这样,当人们觉得已把问题弄得越来越简单、越明白,到了最后关头之际,忽然发现一切变得复杂起来了.

当人们以为自己手里这一次捉到了"终极的真理"时,它像泥鳅一样一滑便从指缝中溜走了.

恩格斯有一次谈到,人看不见紫外线,但人知道蚂蚁能看得见紫外线,这显示了人的智慧.

类似地,数学不能在自己内部圆满地证明自己的协调性,但数学自己能证明这种不能证明性.这表明了数学已发展到空前成熟而深刻的阶段.像一个成熟得能对自己作出恰如其分评价的成年人——他已经不再是不知天高地厚的毛头小伙子了.

但数学依然信心十足.它即使不能证明自己的协调性,也依然为各门科学所信任.数学的力量与真理性最终是在它的广泛而有效的应用中被证明的.它自己不能证明自己,看来是合理的.实践才是检验真理的标准.

八　数学与结构
——布尔巴基学派的观点

对比一下数学史与哲学史,会发现有一点明显的不同.

数学家在前人工作的基础上工作,他们总是用自己的新建筑使前人的工作显得更加完满,更加巩固.数学家总是在承认别人工作的基础上,添上自己的一页.

哲学家也在前人工作的基础上工作,但他们总是要摧毁前人的建筑,用自己的工作证明别人是错的.哲学家总是在批判别人观点的同时,写出自己的一页.

哲学在反复地破旧立新中生长.

数学在不断地建设中发展.

其结果,使数学成为像今天这样的由无数枝繁叶茂的大树构成的森林.它拥有十来个大的分科:代数、数论、几何、拓扑、函数论、微分方程、泛函分析、计算方法、概率论、数理逻辑、运筹学、图论、模糊数学……这些分科又分为多达数百的分支.每年产生着几万篇论文,提出新概念、新定理,形成新分支.这一切使人眼花缭乱.即使是数学家,当他读着不同分支的论文时,也会有到了异国他乡之感.

哲学由于互相批判而成为多种多样.

数学的各部分是相互支持相互联系的,但由于生长迅速,也显出五光十色、气象万千.使人不由地要问:数学究竟是一门科学,还是一类科学?

历史上,哲学家与数学家很早就试图把数学统一起来,那时数学要比今天简单得多.在毕达哥拉斯时代,只有算术和几何.

毕达哥拉斯做了第一次尝试,希望把数学统一于自然数.这次尝试由于无理数的发现而以失败告终.

以后相当长的时间内,人们寄希望于几何,希望把数学统一于欧几里得几何.最后发现,连几何也是不统一的,这种希望也破灭了.

莱布尼茨、弗雷格和罗素,希望把数学统一于逻辑,使庞大的、复杂的、内容丰富的数学归结为非常通俗的、直观的、易于洞察的逻辑.其结果呢?结果导出了极不通俗、极为复杂而令人难于洞察的层次理论与可划归公理.

直觉主义派的布劳威尔和形式主义派的希尔伯特,又希望数学统一于算术.结果,连算术也不是统一的——这是哥德尔定理的推论.

在所有这些试图把数学统一起来的努力都失败之后,数学却变得更加生气勃勃,更加丰富多彩,更加多样化了.数学不断地用新成果使自己壮大,而且不断地修改着、改组着自己的理论而生出新的分支.以致使人产生一种感觉:数学不是具有统一对象和统一方法的科学,而是一系列建立在局部的、相互之间有千丝万缕联系的精确确定的概念之上的学科.

法国的布尔巴基学派,提出了与此相反的观点.他们认为:别看外部现象是多么光怪陆离,五光十色,其实,数学由于内部的进化,比任何时候都巩固了它的各部分的统一,并且建立起比任何时候都更加有联系的整体,形成了数学所特有的中央的核心.

他们认为:数学的各种理论之间的关系是可以系统化的,可以用"公理方法"作统一的总结.

布尔巴基不是一个人,它是一个集体的笔名.这个集体最初的成员是巴黎师范学院的一群大学生.在40多年间,布尔巴基的成员在新陈代谢地变化着,但努力的方向却始终一致.他们计划完成一部百科全书式的数学巨著《数学原理》,对全部现代数学做彻底的探讨与从头的证明.这部巨著已出版了四十多卷,还在不断地出版.它在当代国际数学界产生很大影响,成为现代数学的基本教程.

他们又是怎样用公理方法把数学看成一个统一的科学呢?

8.1 在逻辑长链的背后

数学的表面特征是一连串的推理.

每种数学理论都是由一串串推理的长链构成. 所以可以说,演绎推理是数学的特点.

能不能说演绎推理就是数学的统一基础呢?

这样说不能说是错的,但太肤浅. 演绎推理是一种方法,一种把思想和思想联结起来的工具. 数学家可以用,别的科学家也可以用. 就像实验的方法,生物学家可以用,物理学家也可以用. 我们能把生物学与物理学统一为一门学科吗?

同理,不能仅仅因为各个数学分支都使用演绎推理的方法,就宣称数学是统一的. 应当看到数学推理的长链背后还有更本质的东西. 这种更本质的东西,真正反映了数学特点的东西是什么呢? 布尔巴基学派称之为"结构".

在历史上,数学的一大成就是对数的发现. 用对数,可以把乘除化为加减,把繁难的乘方和几乎不可能进行的开方化为乘除. 一下子把天文学家从大量计算的沉重劳动中解放出来了.

对数理论,表面上是一串三段论式的推理,但数学家靠什么本领找到这些推理环节并把它巧妙地拼接起来呢? 这里面必然有一个通贯全局的想法. 什么想法呢?

这就是:加法与乘法表面上是极不相同的运算,但在结构上却有相似之处. 从 1 出发,不断加 1,得到序列

$$1,2,3,4,5,6,7,\cdots$$

从 2 出发,不断乘 2,也得到序列

$$2,2^2,2^3,2^4,\cdots$$

两个序列在运算关系上也相似,前一序列中有 $1+3=4$,后一序列中就有 $2 \cdot 2^3 = 2^4$,即 $2 \times 8 = 16$. 认识到这一点,我们就可以不必直接计算 2×8,而去计算 $1+3$,得到 4,然后就知道 $2^4 = 16$ 就是 2×8 的答案了.

由于同一结构可以在不同的事物中出现,但有的事物容易把握,有的事物很难把握,这样,我们可以通过容易把握的事物,来认识难于把握的事物.

人类在经验中早已熟知这种方法. 一天一天的日子如流水般逝去,是难以把握的. 用刀在树上刻上道道,一天一道,就可以记日子了.

道道与日子之间有某种共同结构.

人类早就会使用地图.地图与实际的地理状况之间有相似的结构.但地图易于综观全局,易于把握.

有一个"拿15点"的游戏,从这个游戏中可以看出"结构"是多么有用的概念.

桌子上是9张扑克牌,从1点到9点.甲乙二人轮流来取,哪个人先取到3张牌,使3个点加起来是15,他便胜了.

比如甲取5,乙取7,甲取6,乙必须取4,否则甲再取到4便胜了.甲又取1,下一次准备取9或8,因为甲手中已有5,6,1,而5+1+9=15,6+1+8=15.乙既不能阻止甲的两个计划中有一个实现,又无法使手中的7点、4点凑成15点,只好认输.

如果甲取5之后乙取9呢?甲可以再取2,乙必须取8.下一步甲取7,然后准备取3或6以求胜.乙还是失败.

不过,乙确实有不至于输的策略.但要把各种可能性一一列举出来,是相当麻烦的事,难于一目了然.

现在转而看另一种游戏,叫作九宫棋.在图5(b)的正方形上,画出九宫格.甲乙两人轮流向格内下子.一人用黑子,一人用白子.谁能够先把三子走成一直线,谁就胜了.

8	1	6
3	5	7
4	9	2

(a)

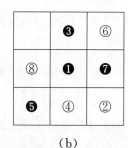

(b)

图 5

这种棋的规律是很容易发现的.棋盘上三子成一线的可能性有8个,即共有8条线.先下的人执黑子,最有利的策略当然是占中,因为中宫在4条线上.而白子只有两种应战之策——边上或角上.边上是两条线的交点,角上是三条线的交点,当然占角有利.事实上,占边必败.[如白占图5(b)的7处,则黑占6,白必占5,黑再占3,白即无可奈何.因黑两条线都要成了.]白子占角之后(如占②),无论黑方如何下,白方皆可应对成和棋,如图 5(b)所示.

　　九宫棋和拿 15 点又有什么关系呢? 图 5(a)把九宫格内填上数,凡在一条线上的三个数加起来都等于 15,反过来,和为 15 的三个数一定在一条线上.从桌子上拿一张牌,就相当于在九宫格上投一子.拿5 点,就是占中,拿 2、4、6、8 点就是占角.这样对比一下,便可以发现两个形式完全不同的游戏却有相同的结构.掌握了一种,另一种也掌握了.从九宫棋的规律可以推知拿 15 点的方法.甲拿 5 点,乙拿 2、4、6、8 点,即可立于不败之地.

　　上面两个例子(加法与乘法有相似的结构,拿 15 点与九宫棋有相似的结构)提示我们,把结构相似的对象作为一类作研究,有事半功倍之效.

　　作为一类又如何研究呢? 那就要把结构的特点抽象出来,分解开来,作为单独研究的对象.

　　下面我们看一看一种最古老的,也是最简单的结构.

8.2　形形色色的加法

　　人们谈起一件毫无疑问的事,常常说是"像 1 加 1 等于 2"那么确定,那么真实.实际上,即使在数学里,1+1=2 也是有条件的,不是绝对的.要看是哪种加法,还要看 1 的含意是什么.

　　①在实数系里,有理数系里,整系数里,1+1=2 是确定无疑的.

　　②电灯的拉线开关,拉一下,灯亮了,又拉一下,灯又灭了,拉两下等于不拉.这叫作 1+1=0.

　　③操场上的口令:立正,向右转,向后转,向左转之间也可以相加.连续执行两个口令就叫作把两个口令加起来.例如:

$$向右转+向左转=立正$$

$$向左转+向后转=向右转$$

等等.分别用 0、1、2、3 代表立正、向右转、向后转和向左转,就有了一个加法表(图 6).这种加法,叫作"模 4 同余类"的加法.尽管与日常的加法不同,但 1+1=2 还是对的.

　　④看一看图 7 的加法表.从图上可以看出:

$$1+1=1,1+2=2,2+5=3$$

$$6+6=1,3+4=5,5+5=4$$

+	0	1	2	3
0	0	1	2	3
1	1	2	3	0
2	2	3	0	1
3	3	0	1	2

+	1	2	3	4	5	6
1	1	2	3	4	5	6
2	2	4	6	1	3	5
3	3	6	2	5	1	4
4	4	1	5	2	6	3
5	5	3	1	6	4	2
6	6	5	4	3	2	1

图 6   图 7

这是一种奇怪的加法. 它的做法是:把"+"当成乘法来做,所得的积再除以 7,余数就叫作和. 例如,3+4=5 的意思是 3 乘 4 除以 7 余 5. 而 5+5=4 是指 5 乘 5 除以 7 余 4. 这时,1+1=2 不成立了.

⑤向东走一千米,再向南走一千米,结果离出发点并不是两千米,而是大约 1.414 千米. 这叫位移的合成,它是一种向量的加法. 这种加法在力学中广泛应用. 如力的合成、速度的合成,加速度的合成、这种加法是按平行四边形法则进行的(图 8).

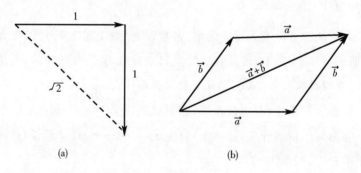

(a)   (b)

图 8

这五个表面上极不相同的系统,却具有下列共同的特征:

(1)每个系统都与一个基本集合有关:

①实数集、有理数集或整数集.

②两个动作的集合:拉一下,或不拉.

③4 个口令的集合.

④6 个数之集:{1,2,3,4,5,6}.

⑤平面上的向量集合,每个向量可以用一对实数 (x,y) 表示.

(2)给了集合中的两个元素,可以唯一地确定出集合中的某元素. 这叫作在集合上规定了一种运算,被确定出的那个元素叫作运算的结果.用符号表示,就是给了两元素 a、b,可以确定一个 $c=a+b$.这里,"$+$"可以用别的符号代替.如可以认为 $c=a*b$,$c=a-6$,$c=a\times b$,都可以,不过一经确定就不要乱变了.我们这里都用"$+$"号,这个"$+$"和算术里的加法不一定是一回事.

(3)运算满足结合律和交换律:

$$(a+b)+c=a+(b+c)$$
$$a+b=b+a$$

(4)有这么个元素 θ,θ 与任何元素运算的结果仍是那个元素,在①中,θ 是 0;在②中,θ 是"不拉线"这个动作;在③中,θ 是"立正";在④中,θ 是"1";在⑤中,θ 是 0 位移,即 0 向量$(0,0)$,它们都满足 $\theta+x=x+\theta=x$.

(5)对集合中的每个元素 x,一定有另一个元素 x^*,使 $x+x^*=x^*+x=\theta$.

找到了这五个系统的共同点之后,就可以把这些共同点抽象出来加以分析,分析的结果,就得到了"可交换群"(或"加法群",或"阿贝尔群")这个十分有用的概念.

可交换群的定义 若在集合 G 上,有一个二元运算"$+$",使对任意 $a\in G$,$b\in G$,必有唯一的 $c\in G$,c 记作 $a+b$,满足:

G_1 结合律 $(a+b)+c=a+(b+c)$;

G_2 交换律 $a+b=b+a$;

G_3 有零元素 θ,满足 $\theta+x=x$(对任一 $x\in G$);

G_4 有负元素,对任一 $x\in G$,有 x^* 使

$$x+x^*=\theta$$

则称 $\{G,+\}$ 是一个可交换群.

这里,G_1,G_2,G_3,G_4 叫作可交换群的公理.这些公理是互相独立的,哪一个也不能从另外几个推出来.

这样形成群的概念,有什么好处呢?好处在于抓住了不同系统的共同本质.对于进一步研究各个系统有事半功倍,甚至以一当十之效.比方,我们可以从交换群的公理推出另一些性质.例如:

性质 1 在 G 中只有一个零元素.

证明 如果有两个零元素 θ_1 和 θ_2,因为 θ_1 是零元素,应当有

$$\theta_1 + \theta_2 = \theta_2$$

又因 θ_2 也是零元素,所以又有

$$\theta_1 + \theta_2 = \theta_1$$

因此
$$\theta_2 = \theta_1 + \theta_2 = \theta_1$$

我们马上知道,上面的五个系统中,每个系统只有一个零元素,用不着分别做五次证明了.

性质 2 在 G 中,如果 $a+b=a+c$,则 $b=c$.

证明 在等式两边都加上 a 的负元素 a^*,则

$$(a^* + a) + b = (a^* + a) + c$$

因为 $a^* + a = \theta$,所以 $b = c$.

于是马上又知道,在以上的五个系统中,这条性质都成立.

运算实际上是一种关系.$2+3=5$ 就表明这三个数之间有一定的关系.在集合的元素之间建立了具有一定性质的关系,就叫作集合上有了结构.结构的性质,如上面的 G_1,G_2,G_3,G_4,叫作公理.

这么一来,公理一点不含有"自明之理"的意思了,它是对所研究的结构的规定性.这种规定性是通过总结大量经验,从许多系统的共同点中抽象出来的.

8.3 基本的结构

数学研究的对象,慢慢地显露出了它的轮廓.它研究结构——从不同的系统中抽象出来的共同结构.

首先是集合.集合好像是一片空地,一张白纸,一群没有分派角色的演员.

一旦在集合的元素之间引进一些关系,集合的元素就有了自己的个性,根据关系的性质,集合上开始出现结构.

结构不是人主观上随意指派的,也不是在理念世界永恒存在的,它是总结大量感性经验上升为概念的结果.

布尔巴基学派认为,数学研究的基本结构有三种,叫作母结构:

一种叫作代数结构.集合上有了运算,能够从两个元素生出第三个来,就叫作有了代数结构.前面我们刚刚谈过的群,就是一种基本的代数结构.

一种叫作序结构.集合中某些元素之间有先后顺序关系,就叫作有了序结构.序结构也是应用极广的一种结构.数的大小关系,生物的亲子关系,类的包含关系,都是序关系.

还有一种叫作拓扑结构.它用来描述连续性、分离性、附近、边界这些空间性质.

我们看到,这几种结构恰好都是现实世界的关系与形式在我们头脑中的反映:

代数结构——运算——来自数量关系;

序结构——先后——来自时间观念;

拓扑结构——连续性——来自空间经验.

但这些东西一旦抽象成数学概念,成为脱离具体内容的"结构",它就可以用到任何有类似性质的系统之中,而不一定与时、空、数有关了.

一个系统可以具有几种结构.如实数系,它有加减与乘除,这是两种互相联系的代数结构,它有大小之分,这是序结构,它的连续性体现了拓扑结构.

基本结构可以加上一些公理派生出子结构,两种以上的结构可以加上联结条件产生复合结构.对于实数,如果 $a>b$,则 $a+c>b+c$,这就表明代数结构与序结构联系起来了.通过结构的变化、复合、交叉,形成形形色色的数学分支,表现为气象万千的数学世界.

当数学家遇到新的研究对象之后,他自然而然地会想,所遇的事物能不能放到某个已知的结构之中? 如果可以,便马上动用这个结构的全部已知性质作为克敌制胜的武器.

历史上有过这样的例子:数学家长期不能理解复数,把它叫作虚数.后来发现,复数可以用平面上的点表示,这个发现相当于把复数的代数结构与平面的拓扑结构挂上了钩.复数的研究立刻有了实际意义,找到了应用,获得飞速的进展.这表明,把新的陌生的对象纳入已知的结构之中是多么重要.

布尔巴基学派也承认,把数学看成研究各种结构——这些结构以几种母结构为骨架不断地生长、发展——的科学,仍然是对数学现状的粗略的近似.

可以将数学看成是一个不断发展着的大城市,城市的建筑被街道分隔,又由街道联系起来.街道形成结构,建筑在结构的规范中生长.但确有很多有特色的建筑,它的特点无法由街道的结构来解释.这就是结构观点的概括性.它无法关心的某些与结构关系不大的局部状况,有时也有重要的意义.例如,数论中的大量孤立的问题(如哥德巴赫问题),就很难与已知结构很好地联系起来.

布尔巴基学派也主张,结构不应当是静止的,数学的发展可能会发现新的重要基本结构.因为数学是一门生命力旺盛的科学,对它不能"盖棺定论",不会有终极的真理.

总的看来,布尔巴基学派把数学看成以结构为对象的科学,这种观点是与辩证唯物论一致的.因为:

它否定了数学知识的先验观点,主张结构来源于人们实践的经验,正确地描述了数学中结构概念的抽象形成过程.

它用整体的观点看数学,着眼于数学各部门的内在联系,说明了是什么使数学统一起来并使它有多样性.

它用变化发展的观点看数学,主张结构不是一成不变的.

它主张数学的真理性最终要用科学的实践来检验,用科学上的成功经验支持结构观点.

结构观点的产生,不是偶然的.布尔巴基学派自己指出:这是半个多世纪以来(即从 19 世纪末期到 20 世纪中期)数学进步的结果.其实也可以说是两千多年数学进步的结果.公理化方法从欧几里得开始,到非欧几何产生之后,数学家开始有了现代的公理化观点.这种方法经过第三次数学危机的考验,特别是由于形式主义学派希尔伯特的大力提倡,在数学实践中已生根开花,终于更上一层楼,形成了"结构"的观念.

一开始,人们追求公理的完备性,或完全性.也就是说,在公理系统中,任何一个命题的成立与否,只能有唯一的解答.这样,具有完全性的公理系统,实质上只能描述一种对象.例如,欧几里得的几何公理,所描述的对象形式上尽管可以多种多样,但本质上只有一种,这就使公理系统应用的广泛性受到削弱.去掉平行公理,几何公理系统失去了完备性,但它的适用范围更广了.在去掉了平行公理的几何体系中,证明了的定理,在欧氏几何和罗氏几何中都成立.如果再去掉一些公理,用剩下的公理推证出来的定理,在欧氏、罗氏和黎氏几何中都成立,叫作"绝对几何"的定理.

数学家发现,公理系统的不完全性不是坏事,而是好事.不完全,可以容纳更丰富的对象.公理是对所研究对象的限制.限制愈多,研究面愈窄.限制适当减少,研究成果的适用范围就更加丰富了.

在这种认识的启迪之下,数学家研究了许多不完全的公理系统.群、环、域、线性空间、概率论、测度论等.数学实践证明,对不完全公理系统的研究有强大的生命力,它促使人们对公理系统进行分解,分解成一些更基本——更不完全的公理系统,终于促成了结构观点的出现.

8.4　分析与综合的艺术

从最早的哲学家开始,便提出了把复杂的事物分解为较简单的因素的组合这种认识世界的基本方法.

开始,这种思想是朴素的,带猜测性的.

中国古代的五行学说,认为万物由金、木、水、火、土组成.

古希腊哲学中有万物皆由水、火、气、土组成的观点,有万物皆数的观点,有万物皆由原子构成的观点.

到了亚里士多德,开始对科学作系统分类.把逻辑规则化解为一些基本法则——三段论.提出事物产生的四因说.把动物分为种、属等.由猜测的分析进展到具体的分析.

到了中世纪后期,唯物主义的勇士布鲁诺认为物质可以分为最小的单位——单子.

17世纪英国出现的唯物主义经验论哲学学派,开创者为培根,集其大成加以系统化者为洛克.培根已提出对经验分类归纳.到了洛克,进一步提出把观念分成为简单观念与复杂观念,认为复杂观念由简单观念组成.把物体性质分为第一性质与第二性质,等等.

17世纪法国数学家笛卡儿,是近代唯理论哲学的奠基人.他极其明确地提出了取得知识的原则.其中主张:把难题尽可能地分成细小的部分,直到可以圆满解决,以便从最简单、最容易的认识对象开始,上升到对复杂对象的认识. 他同时主张, 世界由三种基本要素组成.

比笛卡儿略晚一些的数学家、哲学家莱布尼茨, 主张世界由"单子"组成. 但他的"单子"与布鲁诺不同, 是"上帝"发射出来的, 本质上是精神的单子.

18 世纪英国的唯心主义经验论者, 如贝克莱、休谟, 主张存在即被知觉. 把事物分解为感觉的组合.

康德把人能够取得物理学知识的先天思维能力称为"知性", 把知性分为四组 12 种.

辩证法主张分析, 认为分析就是分析事物的矛盾.

西方哲学大师罗素, 被誉为开一代分析哲学之新风, 他主张建立真理体系的方法是分析.

总之, 人类在认识事物的过程中, 总是想到"分", 把事物分解之后, 再合.

科学的进步, 也体现出不断地分:

物理学的尖端研究, 是对基本粒子的认识;

化学, 把物质分成纯物质, 纯物质又分解成元素;

生物学, 把动植物从总体上分为门、纲、科、目, 把个体分为器官、功能系统, 直到分析出细胞, 又对细胞进行分解;

数学的发展中, 也在一次一次地分.

毕达哥拉斯的万物皆数, 把数等同于物, 反映出他还没有能力把数与物分开.

更早一些, 有些部族在语言里没有单独的数, 数总是和东西连在一起: 3 只鸡, 3 个人, 3 株树, 但没有"3".

把数单独分出来, 是一个飞跃.

但在相当长的时间内, 无理数总是联系几何量, 分不出来. 实数理论的建立, 把数与形终于分解开了.

欧几里得几何公理系统中的第五公设, 经过两千年的研究, 终于被分出来了. 这一分就是非欧几何的出现, 使几何学空前丰富起来.

在第三次数学危机中, 逻辑主义也好, 直觉主义也好, 形式主义也好, 它们的基本想法, 总是把数学看成不可再分的东西, 希望一劳永逸地对数学作出先验的处理.

这时,由于数与形的分离成功,使数学归结为"数的科学",但没有对数进一步的分解.

结构观点,实质上是对数作了成功的分解.

数可以作运算,从这一点着眼,分出了代数结构.一旦代数结构与数分离,它就成了更高一级的抽象物.运算就可以施于其他对象:逻辑命题、几何变换、文字语言.

数可以比较大小,从这里分出了序结构.序结构一旦与数脱离,就获得了更丰富的内容.类的包容关系,生物的亲子关系,逻辑的蕴含关系,都可以放在序结构这一抽象概念之下讨论了.

实数系是连续的,整数系是离散的,因而数具有拓扑结构.数的拓扑结构是从形那里继承来的,因为形已被归结为数.拓扑结构一旦与数和形脱离,就可以用于更广泛的系统.我们可以讨论物理系统相空间的拓扑结构,有限个对象之间的关系网络的拓扑结构,等等.

结构与数的分离,意味着数学研究对象提升到一个更高的抽象层次.

恩格斯时代,数学研究对象还限于空间形式与数量关系.

现在,数学完成了进一步的抽象,使形式脱离空间,使关系脱离数量.把纯形式与纯关系作为研究对象了.

可是,形式与关系的区别,本源于空间与数量的不同,一旦抽象出纯形式与纯关系,形式与关系之间的区分就不再是必要的了.纯关系,无非是关系的形式.纯形式,也只能表现为形式之间的关系.两者已是一回事,于是称之为结构.

当数学家研究数量关系时,哲学家,特别是怀疑主义的哲学家可以提出问题:你们所研究的关系是不是真理? 它是不是真的不折不扣的数量关系?

当数学家研究空间形式时,哲学家,特别是怀疑主义的哲学家可以提出问题:你们所研究的形式,是不是我们这个真实空间的性质?

现在,数学家研究的是结构,怀疑论者又如何责难呢? 数学家准备了一套一套的结构.只要哪种对象符合某一套结构的条件,关于这个结构的结果便可以用上去.这里,问题只在于选择适当的结构,而不在于数学结论是不是真理.由于结构已是纯粹的抽象物,关于结构的性质只接受逻辑的检验,因而成为可信的真理.

当一个裁缝加工定做的服装时,顾客可以指责尺寸错了,颜色错了,布料错了,等等.一旦服装设计脱离了具体的人,那就不发生错的问题,只有个选择问题.这里有各式各样的服装,请您试穿.您不必说哪种服装错了,说不定是另一位的爱好呢!

但是,如果裁缝以此为理由而随心所欲,不调查体型,不研究心理,不适合潮流而乱做一气,那也只有关门大吉.

数学家把结构作为研究对象,好比是不再单为固定的顾客加工服装了.他面向普遍的需要,他占领广大的市场.哪些结构要增加,哪些结构要修改,这信息来自科学实践.

社会实践仍然是检验真理的标准.

九　命运决定还是意志自由
——必然性与偶然性的数学思考

人,谁不关心自己的命运? 如果破费几文就真能预知祸福,以便趋吉避凶,那当然划得来.也许正因为如此,算命先生至今仍有生意可做.一些发达国家的算命先生——高雅的称号叫作占星家——据说更是顾客盈门,甚至还用上了现代化的电脑,成为科学算命了.而问卜者,当然多是一些不能掌握自己命运而又抱有某种希望的人:失业者、考生、求偶的男女等.

当然,今天的多数人已不相信算命先生了.生活的经验和科学的逻辑告诉人们,并没有什么所谓注定的命运,更没有哪位"铁口神仙"能预知你的吉凶祸福.

有一个明显的道理:如果一个人有定命,而且定命中的吉凶祸福又可以预知,那么,他就可以采取趋吉避凶的措施来改善自己的命运.既然人的定命可以改善,那表明定命并非是定而不移的了.也就是无所谓定命.对于不存在的东西,预知什么呢?

希望预知命运而问卜者,必然陷入一种矛盾的心态:他们相信命运是注定的,但又希望命运是可改变的.

有一个故事可以反映出这种对命运看法的矛盾心态:

一个到外地跑买卖的商人去算命,铁口神仙王先生告诉他:几天之内,你就要死了,这是命中注定的,你赶快回家乡吧,免得成为异域孤魂.于是商人赶快收拾行李启程返乡.要知道那时交通不像今天这么方便,还没有火车、飞机.在途中歇脚吃茶时,商人偶然认识一个汉子,面有悲色.深谈之后才知道这汉子因无钱还债,前天把妻子卖了.由于同情,又想到自己反正要死了,商人给他一些钱.当夜大雨,商人在旅店住宿.忽然有人敲门.商人起来开门,原来是汉子已赎回了妻子,两人怕商人一早启程,连夜赶来拜谢来了.就在此时,商人所住房间的墙因被雨水灌入突然倒坍,压在床上.商人因起来开门得免一死.后来商人再见到铁口神仙王先生时,王先生说:不是我算的不灵,是你做了好事把命运改变了.

这故事是说,商人去问卜,急忙回家,住店,雨夜墙倒,都是命定的.他命定是要在旅店的床上被砸死.但命又毕竟没有定,又可以由商人的行动有所改变.那么,究竟是命运决定人生呢,还是人的意志创造命运呢?故事里这种逻辑上的矛盾,表明了说故事的人力图调和相对立的两种哲学观点的心理.

9.1 两种对立的哲学观点

认为人的活动可以改变命运,因而也就无所谓命运,这种观点,也许可以说服一些求神问卜的善男信女,使他们回过头来,靠自己把握自己的命运.但对于一个彻底的定命论者,或对一个决心维护定命论的诡辩家来说,说服他可没有这么容易.他可以振振有词地回答:

"一切都是时间的函数.当你生命中的某一时刻到来时,在那一时刻你的处境,你的心情,你的吉凶祸福,都将以唯一可能的方式实现,这就是你的定命.就连你某一天去找某位算命先生,他向你说些什么,你听了他的话之后为改善心目中的定命而作的努力,这努力所产生的效果,也都属于定命的一部分.这一切,都是由宇宙万物的运动变化的必然规律所确定了的,是巨大的无所不包的因果关系链索中的一个或几个环节.作为凡夫俗子的算命先生,也许不能精确地预知这一切,但人的命运是注定的,则是毫无疑义的科学论断!"

按这种观点,故事中的铁口神仙王先生不见得知道商人的定命.而商人去算命,因算命而还乡,因还乡而路遇一个穷汉,以至解囊相助而得到从危墙下逃生的果报,这才是真正的定命.

定命论者可以带有迷信的色彩,也可以不带迷信的色彩.公元 4

世纪,罗马帝国统治者把基督教奉为国教,建立了一套教父哲学.教父哲学的最大代表奥古斯丁断言,一切都是上帝预先安排好了的,没有天命,就连一根头发也不会从头上脱落下来.佛教的轮回说,认为人今生的遭遇由前一生决定.但是,宗教又都认为,人的行动能改善命运.信上帝,或做善事可入天国,得好报.这表明,带有迷信色彩的定命论者实际上是不彻底的定命论者.因为他承认人的行动实际上时时刻刻在改变着命运.

不带迷信色彩的定命论者,他们的观点不仅涉及人的命运,而且包罗了自然、社会,宇宙中的一切.为了避免迷信的联想,我们不妨称之为决定论者.

决定论者的基本观点,是认为必然性统治着宇宙中的一切.所谓必然性,是物质运动的因果关系的规律性的体现,不是任何神意的安排.这种观点,早在公元前 400 年左右的古希腊德谟克利特的原子唯物主义哲学中已提出来了.随着生产力的发展,人对自然现象的奥秘了解得越来越多时,又和机械唯物主义一同出现.其代表人物是霍布斯、拉美特里和霍尔巴赫.其中霍尔巴赫说得最明确.他说:"宇宙本身不过是一条原因和结果的无穷的锁链",因此,他完全否定了偶然性.在他看来,"使用偶然这个词,不过是掩盖我们对于产生所见的那些结果的自然原因的愚昧无知罢了."这和德谟克利特的看法正好一致.德谟克利特也认为,偶然性是人们对事物的无知而产生出来的主观观念.那么,人的主观意志又起什么作用呢?他认为,人的意志也是被客观必然性所决定的,无所谓自由意志."我们的思维方式必然被我们的存在方式所决定,所以,它有赖于我们的自然的机体,也有赖于我们的机制在不受意志支配的情况下所接受的种种改变.由此,我们不能不得出这样的结论:我们的思维,我们的反省,我们的观看、感觉、判断、配合观念等的方式,既不能是自愿的,也不能是自由的."这样推理的结果,就是"我们是好是坏、幸福或痛苦、明智或愚笨、有理性或没有理性,对于这些不同的情况,我们的意志丝毫无能为力[①]".

霍布斯看来,人无非是机器.而拉美特里甚至写了《人是机器》这

---

① 引自霍尔巴赫《自然的体系》上卷,51,63,174,164 页.

样一本书. 他认为人的心灵依赖于饮食：喝开水的士兵会临阵脱逃，吃大酒大肉的士兵会斗志昂扬，英国人吃的肉不像法国人烤的那么熟，因而性格比法国人凶暴，吃素的法官审判时最公正、仁慈，但在饱食丰盛的酒肉之后却会把无辜者送上绞架，等等. 这些观点与霍尔巴赫一样，认为人的意志也受客观必然性的支配.

总而言之，在决定论者看来，无论是自然现象还是人的思维，都被包罗万象的必然的因果关系所确定. 昨日种种，是今日种种的原因，明日种种，是今日种种的结果. 宇宙间每一件事之所以出现，之所以按这种方式出现而不按另一种出现，必有它的根据. 否则，为什么会这样而不是那样呢？

彻底运用这一逻辑，其结论简直使人难以置信. 如果宇宙间的一切真的是有严格的因果关系可循，那么，现今的一切，早在太阳系尚未诞生之时便已决定了. 不但人类历史上的一切大事，如两次世界大战，希特勒的暴发与灭亡……是早在宇宙诞生的大爆炸时已经注定，就连前天老李感冒吃两片阿司匹林，隔壁赵家小黑猫尾巴上有一千二百零三根而不是一千二百零四根白毛，昨晚公园里一位小伙子给他恋人一个吻，也都是在多少亿亿年之前已经注定了. 岂有此理！？

但是，"岂有此理"四个字，并非论据. 这些令人难以置信的推论，也难不倒彻底的决定论者. 只要不导出逻辑上的矛盾，"难以置信"并不说明什么. 地球是圆的，运动的长度会缩短，开始不也是令人难以置信吗？小伙子给恋人一个吻，自有他当时心理上、生理上及客观条件的依据，而每个依据也应当另有依据，难道因果关系的链条会在某一环节处中断吗？如果不中断，上溯到多少亿亿年之前又有什么奇怪？

决定论的观点从逻辑上难于驳倒，却并不意味着别人都必须相信它. 在哲学领域，尖锐对立的两个观点彼此谁也不能从逻辑上把谁驳倒的例子并不少见. 就是在一向以严密精确著称的数学领域，不也有欧氏几何与非欧几何的共存吗？因而，与决定论者相反的观点，也自有自己的道理和市场.

主观唯心主义经验论哲学家贝克莱，根本否认原因与结果之间的必然联系. 不知他是真的不理解因果关系还是佯装，他攻击唯物主义的因果决定论是"最荒谬"、最不可理解的谬论. 火烧了手会使人感到疼痛,他认为不说明火与疼痛之间有因果关系,只不过两件事之间存在一定的次序,意味着火是能引起疼痛的标记而已.继承了贝克莱主观唯心主义经验论的基本立场的休谟,用不可知论的主张发挥了贝克莱对因果关系的看法,认为因果关系的观念不过是习惯性的联想,把客观的必然性看成主观的习惯与信念.

从主观唯心主义的立场反对决定论,尽管在逻辑上难于驳倒,但人们在实践中很容易相信它是荒谬的.就连休谟自己也发现自己的哲学与自己的现实生活格格不入,经常陷于痛苦的矛盾之中.

唯意志主义哲学从另一个角度来反对决定论.康德虽然也承认自然界现象的因果关系,但却认为人的意志是绝对自由的,并主张实践理性高于理论理性——即意志高于理智.康德之后的费希特,主张意志是个性的基础,自我是创造世界的源泉.这些看法都含有唯意志主义的思想基础.到了叔本华和尼采,更把意志夸张为世界的最高原则.认为一切事物是意志的表象,事物的必然性是对"自由意志"的服从.这样,自然也就不承认事物发展的客观的因果关系了.

其实,任何意志,只能是人的意志.所谓作为宇宙主宰的最高意志,只存在于哲学家想象之中,它和柏拉图的理念世界、黑格尔的绝对理念、康德的自在之物是一类的东西.从常识出发很难相信它的存在.

但是,每个人都会有这样的感觉:自己的意志在一定限度之内还是自由的.我从椅子上站起来,我又坐下.用右手摸一下左手,或不摸.这些我可以自由地决定,它不受任何因果关系的约束.这是不是就打开了一个缺口,进而否定决定论呢?

决定论者只有那一句老话:你觉得自己有一定的自由,你产生这种感觉也是被一定因果关系决定了的.你自己以为你有站一下坐一下的自由,但当你具体做这个动作时,仍是受大脑中物质运动因果关系的支配,仍是被决定了的.

谁也不能说服谁.

对决定论者最严重的打击来自物理学的进展.相对论的建立,首先把传统思维方式中"同时性"的概念突破,证明了"同时性"是相对的.时空观念、质量观念也都成为相对的、可变的了.量子力学确认微观过程遵循的只是统计的确定性,"测不准原理"指出,微观客体的位置与动量不可能同时准确地被测定. 这些发现对西方当代哲学有巨大影响,使 20 世纪的西方哲学成为相对主义的时代.

既然微观世界遵循的只是统计的原则,决定性的因果关系在微观世界那里成为不确定的了. 当我们沿着因果关系的链索追得过于苛刻时,链索的某些部分将愈益渺茫,直至陷入偶然性的迷雾之中. 这代表了一部分物理学家和哲学家的看法,但也有一些科学泰斗不作如是观. 恰恰是创立了相对论的爱因斯坦说过,他不相信上帝是在和人们掷骰子.

决定论者还可以作最后的抗争,因为物理学毕竟是实验科学. 人的测量、观察的精度只能达到一定层次. 也许在更进一步的、更深层次的研究中,能揭示出量子力学中的确定性的规律吧!

但当代西方哲学中,主张偶然性支配世界的已居于主流. 他们主张:世界上根本没有必然性和绝对性,一切是相对的,偶然的.

存在主义认为:支配世界的是一系列的偶然性,历史是一系列个人偶然事件的堆积.

批判理性主义认为:历史不能重复实验,人的意志又是自由的,这就造成了历史的偶然性.

实用主义认为:历史是偶然的和多元的,怎么解释都行. 社会情况十分复杂,无规律可循. 20 世纪是相对主义的时代,必然的东西已经消失了,代替必然性的是偶然性、概率性和多元性. 实用主义哲学的代表人物杜威说:"正如必然性和追求一个包罗一切的单一规律是 19 世纪 40 年代学术空气中典型的东西一样,概率和多元论则是当前科学状况的特征. 因为必然性这个观念的旧解释业已遭到了巨大的打击……"①

必然性与偶然性的矛盾,已成为哲学家面前的困难问题之一. 说一切是必然的,道理似乎充分,结论难以置信. 而且量子力学确实摆出了偶然性在某些领域占统治地位的证据. 说一切是偶然的吧,偶然现象背后又是什么呢? 世界上为什么会有无原因的结果呢? 而且宏观世界中——明显的例子是天体运行——确有必然性统治的领域. 是不

① 杜威:《自由与文化》,商务印书馆,63 页.

是世界上有些事是必然的,又有一些是偶然的呢?那么,这界限又是根据什么划分呢?说自然界服从必然,社会服从偶然,那在人类出现之前又如何呢?是不是有了人类才有了偶然呢?在偶然性与必然性交界之处,是必然影响偶然呢,还是偶然影响必然呢?

辩证唯物主义哲学认为:客观世界中既存在着必然性,也存在着偶然性.必然性与偶然性既有区别,又有联系.必然性就存在于偶然性之中,并通过偶然性为自己开辟道路.但是,必然性与偶然性是如何区别又如何联系的呢?为什么偶然性能够为必然性开辟道路呢?必然性会不会为偶然性开辟道路呢?世界上有没有毫无根据的偶然事件呢?这些问题,尚待科学实践作进一步回答.

也许,听一听数学家说些什么是有益的.在哲学家面前的困难问题,常常由于数学的进展而得到有启发性的回答.关于无穷、关于连续性,数学的进展使古老的结被解开了.在必然性与偶然性的问题上,数学能不能提供有益的线索呢?

9.2 从偶然产生必然

数学家和哲学家、物理学家似乎有点不同.哲学家和物理学家,总是喜欢对客观世界的本质作出假设、猜测和断言.而数学家却不愿拍板.他们总是小心翼翼,说些这一类的话:"如果事情是这样的,那将会如何如何;如果是那样的,又会如何如何."

如果一切都是偶然地发生,又会怎样呢?

为了回答这个问题,数学家提供了概率论和数理统计的方法.按照这个方法研究那些偶然性占统治地位的系统——随机系统,得到了许多这样的结论:某些现象将必然发生.

在人们看来,掷一枚钱币出正面还是出反面,是偶然的.(当然,决定论者不同意这个说法.他们认为,出正面还是出反面,是由一些确定的因素决定的——钱币的初始位置,掷出的方向与速度,空气阻力……这自然也对.出正面出反面总得有个原因.但即使绝对均匀的钱币,初始位置准确地垂直于地面,落到水平、光滑、弹性均匀的地板上,它总不会立在那里,总要出正面或反面.这表明,确定钱币出正面还是出反面的问题,即使有足够精确的测量手段和完全严格正确的力学理论,仍不能确定.把它看成偶然现象并非无知.即使有无比丰富的知识,也无法确定!)如果钱币是均匀的,我们找不出任何理由断言它该出正面还是反面.正反面的概率各占一半.如果只掷两次,可能有四种结果:

$$(正,正),(正,反),(反,正),(反,反)$$

可见两次相同的概率为 $\frac{1}{2}$,正与反各占一半的概率也是 $\frac{1}{2}$.

如果掷一千次呢? 每次都相同的概率只有 $1/2^{999}$. 实际上我们绝观察不到这种现象.而正与反大体上各占一半的事是几乎一定会发生的!

统计物理学家正是用这种办法论证了气体在容器中密度均匀分布的必然性.两个相互连通而对外封闭的房间,如果里面只有两个空气分子,那么两个分子跑到同一个房间的概率是 $\frac{1}{2}$,这是容易发生的事.而当分子数目增加到通常空气里那么多分子的数目时,所有分子都跑到一个房间里去的事可以说不会发生了,而两个房间里空气分子大体一样的情况几乎是必然的.必然产生于偶然.

概率论提供了一个有趣的定理,不妨叫作"赌徒输光定理",意思是说,在"公平"的赌博中,任一个拥有有限赌本的赌徒,只要长期赌下去,必然有一天会输光.这个结论与社会现象惊人地相符合.因赌博倾家荡产的事时有闻知,而致富的却绝不存在——除非是骗子或开赌场——这也不是本来意义下的赌徒了.

在一次赌博中,每个赌徒都可能赢.谁输谁赢是偶然的.但长期赌下去,输光却是必然的.

关于中国人的姓,有人做过调查.在若干年以前,不同的姓氏有数千种之多,但今天只有几百种了.而且多数人的姓属于张、王、李、赵、刘等几个"大姓",长期发展下去,必然有更多的姓氏消失.最后都成为一个姓.这是因为中国命名习惯是孩子与父方同姓.母方的姓传不下去.这使得任何一个姓在长期发展过程中都会消失(最后剩一个当然不会消失了).这是"赌徒输光定理"的一个应用.

最近,有些科学家研究了人的某种遗传因子的特征,从孩子身上只能发现母方的特征.调查结果得到一个惊人的结论:世界各地的人,这种特征是一样的. 这就产生了一个有趣的"夏娃假说"——现在所有的人,最远的远祖,在母系方面只是一个女人,道理和中国人的姓氏消失现象类似. 如果一个男性只有女儿,他的姓氏传到他这一小枝的部分就消失了. 类似地,如果一个女性只有男孩,她的那个遗传特征也就传不下去了. 在人类长期发展过程中,本来可能很多的、不同的女性遗传特征一个一个地消失了,只剩下夏娃的了. 这是赌徒赌光定理的又一应用.

我们不必过问每一个个别的情形的出现是由什么具体因素确定的,尽管这种具体因素应当存在. 例如,生男孩还是生女孩,必有一定的原因. 我们只要从宏观上按统计规律推理,照样能够得到一些必然性的规律,如赌徒输光、姓氏消亡等.

用这种观点看生物的进化,看历史的发展,看社会的趋势,都可以看出同样的道理:即使个别现象纯属偶然,甚至假定没有什么原因,总体上仍有确定的规律.

微观上的偶然性集中起来,冲抵了种种相互矛盾的因素之后,呈现出宏观上的必然性.

9.3 从必然产生偶然

自然界的许多现象,很明显地是由严格的因果关系所支配的. 例如:天体的运行,人类很早就掌握了四季变化、月亮盈亏的规律,甚至能精确地预报日食、月食和彗星的出现. 正是由于这些知识的积累,使决定论的观点得以形成和占领哲学上的一席之地.

那么,如果假定一个系统,它是由决定性的因果规律完全主宰的,结果又会如何呢?

近几十年来——自第二次世界大战以来,人们对决定性系统的深入研究,发现了意想不到的事实:严格地遵从决定性规律的系统,在一定条件下,也会呈现出随机过程所具有的特征.

描述决定性系统的数学,是所谓动力系统. 或者叫作微分动力系统. 它肇始于 20 世纪初叶庞加莱对天体运行的多体问题的研究. 比如,太阳、月亮和地球,三者的相互位置在各种初始条件下将会按什么规律变化,就是多体问题中一个最基本的特例. 在力学上,它可以抽象为质点组的动力系统,其运动规律可以用微分方程描述,微分动力系统由此而得名.

数学家对决定性的系统,给了一个比微分方程更简单的描述,这就是迭代.如果某个系统服从决定性的因果关系,那么,它明天的状态 Y 与今天的状态 X 之间就有一个确定性的联系.在数学上,这叫作 Y 是 X 的函数

$$Y = F(X) \tag{9.1}$$

当然,我们也不一定用一天两天为计时单位,也可以设 Y 是一小时,或一分钟,一秒钟之后的系统的状态,这在本质上没什么不同.

关系式(9.1)既可表示今天和明天的状态之间的联系,也可以表示昨天和今天、明天和后天的状态之间的联系.如果 Z 是后天的系统状态,根据(9.1)便有

$$Z = F(Y) = F[F(X)] \tag{9.2}$$

而大后天的状态将是 $W = F\{F[F(x)]\}$.一般说来,n 天之后的状态可以用函数 F 的 n 次迭代表示:

$$X_n = F^n(X) \tag{9.3}$$

而

$$\begin{cases} F^n(X) = F[F^{n-1}(x)] \\ F^0(X) = X \end{cases} \tag{9.4}$$

$$(n = 1, 2, 3, \cdots)$$

迭代运算是完全确定的.在计算机上作迭代特别适宜:一个固定了的计算程序;给一个初始值;计算出的结果又当成初始值.反复多少次,完全不用人操心.因此,自从有了计算机,决定性系统的迭代模型引起了数学家的广泛兴趣.

对迭代的研究有了一系列有趣的发现,其中一个重要发现是:完全确定的迭代过程,会呈现出由偶然性占统治地位的随机系统的特征.

例如,按照某种简化了的数学模型,一类无世代交叠的昆虫的第 n 代虫口指数 x_n,满足下列方程

$$x_{n+1} = 1 - \mu x_n^2 \tag{9.5}$$

对 X_n 性质的研究可以归结到二次函数

$$f_\mu(x) = 1 - \mu x^2 \tag{9.6}$$

的迭代的研究.此处 μ 是与生态环境有关的参数.

二次函数的图像,不过是简单的抛物线,但迭代起来可不得了.每迭代一次,指数加一倍,函数性状越来越复杂.一旦参数 $\mu > 1.5$,x_n 随 n 而起伏变化的规律惊人的复杂.对大多数初始值 x_0,x_n 恰似掷硬币出正反面那样随机地取正值或负值,看不出是一个决定性过程了.有人用计算机做试验,把区间 $[-1, +1]$ 分成等长的 100 段,计算 x_k 落在哪些段次数多,哪些段次数少.结果发现:对多数初始值 x_0,当 n 很大时,x_k 落在各个小段里的机会几乎均等!($k = 0, 1, 2, \cdots, n$)

由迭代而产生的这种貌似随机而实为确定的现象被称为混沌现象.它不仅是数学家关心的领域,同时也是物理学家、生物学家、化学家等许多学科专家们的乐园.

概率论与数理统计表明,空间上微观的随机性导出了宏观的决定性.微分动力系统的研究又揭示出,时间上微观的决定性呈现为宏观的随机性.不是吗? 气体分子一个一个地在随机地活动于空间的局部,而整体上却遵从明显的规律,如波义耳定律.迭代过程的每一个环节——代表系统在一秒、一分或一天的变化——都是完全确定的,长程的结局却呈现出随机起伏.

数学的严格论证帮助哲学家在一定程度上说明:决定的必然性与随机的偶然性,不仅是对立的,而且是统一的.这不是来自主观的判断,而是来自严格的推理,因而也许会使人信服.

9.4　一阵风或一口痰能影响民族的命运吗

主张偶然性支配历史的西方现代的一些哲学家,认为历史发展的动力是多元的,极其复杂的,微不足道的小事可以产生大的影响.实用主义哲学家杜威的中国弟子胡适,有这么一段话:

"一切作为,一切功德罪恶,一切语言行事,无论大小,无论善恶,无论是非,都在那大我上留下不可磨灭的结果和影响.他吐一口痰在地上,也许可以毁灭一村一族.他起一个念头,也许可以引起几十年的血战①."

---

① 胡适:《胡适论学近著》,第一集,第 636 页.

这是说,人无法预见历史的发展,只能听凭偶然性的盲目摆布.

有趣的是,极力主张世界是由必然性的因果关系统治着的霍尔巴赫,竟也殊途同归,得出类似的结论:

"没有什么微小的或遥远的原因不会在我们身上有时产生最大、最直接的结果的.说不定一阵暴风雨的一些最初因素就是在利比亚干燥的平原里聚集起来的,这个暴风雨,被风卷着,向我们奔驰而来,加重了我们的大气,影响到一个人的气质和情绪,而这个人由他自己的一些情况又能影响到许多其他的人,并且依照着他的意志来决定许多民族的命运."

两种尖锐对立的哲学观点在这个具体问题上走到一起来了.

恩格斯对此曾批评道:"力图用根本否认偶然性的办法来对付偶然性.……这样,偶然性在这里并没有从必然性得到说明,而倒是把必然性降低为纯粹偶然性的产物[①]."

微分动力系统在一定程度上实现了恩格斯所说的使偶然性从必然性得到说明.但是,怎样才能做到不把必然性降低为偶然性的产物呢?

在微分动力系统的研究中,有一个很重要的概念叫作"稳定性",或"结构稳定性".我国著名数学家廖山涛教授曾指出:对结构稳定性的研究,包括正面与反面的研究,是微分动力系统的中心问题之一.

什么叫结构稳定性呢?如果一个决定性系统在小的"扰动"之下不会有性质上的改变,就称这种系统是结构稳定的.所谓扰动,就是微小的量的改变.这里当然是非数学的描述,因为我们没有必要用可能使读者觉得枯燥的数学符号来介绍过于专门的东西.

另一种稳定性是所谓渐近稳定性.即系统的初始状态受到小的干扰时,其长远趋势是不受影响的.这叫作渐近稳定的系统.

数学的研究发现:在某种意义上,具有稳定性的决定性系统是相当普遍地存在着的.这暗示着一条有哲学意味的命题:一般而言,微观事件不足以影响宏观的决定性过程的本质与长远趋势,除非微观事件的效果大量集中,达到一定的程度.

---

① 《马克思恩格斯选集》,第 3 卷,541-542 页.

稳定性的系统(或过程)的普遍存在,可以很切实地说明为什么小事一般的不能造成重大的影响.而前面胡适、霍尔巴赫的说法就成为无根据的臆断了.因为大量的研究表明,历史的发展总趋势具有稳定系统的特点.

微观和宏观是相对的.对于银河系来说,地球上的一切变化,一切事件是微观的;对于人类历史来说,个人的一般活动是微观的;对一个人而言,他的每个细胞中发生的一切是微观的;对一个细胞而言,其中的分子运动是微观的.反过来,人类历史,一个人,一个细胞,又都可以是宏观的.

把事物分成若干层次,每个层次对上一层来说是微观的,对下一层又是宏观的.数学上稳定性的研究表明:低层次的变化要达到一定的强度,才能引起高层次的质的改变,这是普遍存在的稳定现象.

不稳定系统确实是有的,例如抛掷钱币.还存在大量的这样的系统:它在某些个别状态是不稳定的,在一般状态下是稳定的.例如,达到 0 ℃但尚未结冰的水,这时微小的影响将使冰晶出现.在数学上,把这些不稳定的状态叫分支点,或分岔点.在这些关键点上,极小极小的扰动会引起系统发展过程中的质变.近些年来,对分岔现象的研究成为十分活跃的数学领域.

这样,稳定性概念的提出及深入的研究,不仅能说明偶然事件不足以改变历史的趋势,同时也指出:在某些关键时刻、关键场合,个人的活动或别的什么偶然事件,能够有重大的影响.

蒙古海军曾远征日本,因遭到暴风不战而败.如果这场被日本人叫作"神风"的偶然事件晚发生一个月,日本历史将有重大改变.如果蒙古的军事决策者偶然地改变了行动日期,结果也会有大的不同.这也许可以作为偶然事件产生重大影响的例子.

9.5　什么叫必然　什么叫偶然

准确地给出"必然"和"偶然"这两个概念的含义,是哲学家面前的困难问题之一.

哲学家承认,一切事物都有原因,这是当然的.如果认为有毫无原因的事件,那也就否定了哲学与科学.既然都有原因,又为什么有偶然事件呢? 霍尔巴赫认为:我们是把我们看不出同原因相联系着的一切结果归之于偶然. 这样,"偶然"就成为主观上的东西. 不知道原因的,就是偶然的. 偶然性与人类的知识水平有关,而不是事件的客观属性了.

较为正确的一种哲学观点认为:"决定和影响一个事物发展的原因,是多方面的. 有的原因同事物的发展方向有着本质的联系,有的原因同事物的发展方向只是非本质的联系. 对于一个具体事物来说,只有那些对事物的发展具有本质联系的原因,才表现为必然性;至于那些对事物的发展只起着加速或延缓的作用,决定事物的这种或那种特点的原因,对于这个事物来说,就只有偶然性①."

这种说法并不能令人满意地回答:"什么是偶然事件"这个难于回避的问题. 它是说明了事物"原因"的偶然性的意义. 一个事件,可能成为好几个事物的原因. 在街上洒一盆水,它是尘土在这里暂时不再飞扬的原因,又是一位小朋友不小心滑倒的原因,还是几只蚂蚁被淹死的原因. 事件对于不同的事物,有作为原因的偶然性与必然性之分,但事件本身的偶然性与必然性呢?

在这个问题上,数学有可能给哲学以启示. 我们不妨利用稳定性的概念来试着解释必然性与偶然性.

仍以抛硬币为例. 用一个精密的仪器将硬币按一定初速度垂直上抛. 考察两件事:

A. 硬币上升高度达到 2 米;

B. 硬币落地后正面向上.

一般认为,事件 A 是必然的,事件 B 是偶然的.

事件 A 是有原因的,原因是上抛的初速度. 事件 B 也不会没有原因,原因在于初始位置. 在理想情况下,我们应当假定:这是一个决定性过程,初始状态决定了最终状态.

既然 A 与 B 都有原因,又为什么一个叫作必然的,另一个叫作偶然的呢? 仔细分析,便会发现,原因与结果之间的联系,有不同的数学方式. 一个是稳定的联系,一个是不稳定的联系.

---

① 引自冒从虎,庞学铨,沈赓方:《欧洲哲学明星思想录》214 页,中国青年出版社.

上抛高度与初速有关.初速的微小改变只能引起高度的微小改变,不会使事情起质的变化,这正是稳定性系统的特征.因此,稳定性可以用来说明必然性.

出正反面应当与初始位置有关.但无论初始位置多么对称于正反面——使硬币平面与水平平面垂直,结果仍然各以 1/2 的概率出正反两面.这表明,初始位置的无论多么细微的差别,都足以引起后来状态本质的不同!这正是不稳定系统的特点.可见,不稳定性可以用以说明偶然性.

这就提示我们:如果事件与原因以稳定性的方式相联系——原因的小扰动只能引起事件的小变化,就叫作必然事件.

反过来,如果事件与原因以不稳定的方式相联系——原因的无论多么小的扰动都能引起事件性质的显著不同,就叫作偶然事件.

这样,用数学提供的思想给出了必然性和偶然性的客观性的定义.

这个定义不依赖于我们知识的贫乏或丰富,不依赖于我们对事件本质的看法,它只与事件的本性有关.

对于某些必然性事件,在我们对它的原因尚不深知时,有可能误认为是偶然的.但对于偶然事件,无论我们的知识多么丰富,手段多么精密,它仍是偶然的,因为对它的原因的定量把握,任何时候都是有限度的,而它在此限度之外的变化,仍能左右事件的性质.

这样,即使我们承认宇宙中的一切都是决定性的,也不会否认偶然事件的发生.所谓决定性的东西,如果人完全不能预知,也就不存在是否是定命的问题.至于我们现在所遭遇的一切,是不是像写好了剧本的电影一样,在宇宙开始的大爆炸时已经确定了的呢?这是一个没有科学意义的问题.因为没有可能具体检验这个问题的正反面答案的真伪.

莱布尼茨说,世界有两大谜使理性迷惑:一是自由与必然如何协调的问题,二是连续性与不可分割性如何统一的问题.数学的进展,对这些难题多多少少提供了解答.不可分的点可以构成连续的线,偶然可以产生必然,必然也可以表现为偶然,这些研究从一个方面支持了辩证唯物主义的事物是对立的统一这个观点.同时,又对"什么是必然""什么是偶然"提供了有启发性的回答. 这使我们看到,哲学作为人类一切知识的概括与总结,应当紧跟各门科学的进展,特别是数学的进展.

十　举例子能证明几何定理吗
——演绎与归纳的对立与统一

在初中数学课上,老师让同学们用量角器测量三角形的三个角的角度,然后把三个角度加起来.这样测量过几个很不相同的三角形之后,大家会得出共同的结论:三角形的三个内角之和是 180°.

这样认识事物的方法叫归纳法.归纳法要求从大量事实出发总结出一般规律.我们看到鸡生蛋、鸭生蛋、麻雀生蛋、鸽子生蛋……便形成一种看法:所有的鸟都生蛋.这就是在应用归纳推理的方法.

当同学们得出"三角形内角和是 180°"这个归纳推理的结果之后,老师又反过来进一步提出问题:但是,你怎么知道你的结论一定可靠呢? 你才测量了几个三角形,即使测量几万个三角形也不够呀! 三角形有无穷多种,你仅仅测量了全体三角形中的极小极小的一部分,如何能从这一小部分的性质推出全体三角形的性质呢? 再者,你的测量不可能一点误差也没有,你怎么知道三角形的内角和一定是整整 180°,而不是 179.99999°呢?

怎么办呢? 老师告诉大家,可以用演绎推理的方法来证明这条几何定理.在几何学里,只有从公理和定义出发经过演绎推理而证明了的命题,才被认为是真理.归纳推理被赶出了几何的花园.

甚至可以说,归纳推理被赶出了数学王国.因为在数学中只承认演绎的证明.

10.1　例证法——用演绎支持归纳

那么,在数学中举例真的不能证明一般的命题吗?

中学里学了什么叫恒等式.下面的等式

$$(x-1)^2 = x^2 - 2x + 1 \tag{10.1}$$

就是一个恒等式.

用 $x=1$ 代入, 两边都得 0; $x=2$, 两边都得 1; $x=3$, 两边都得 4.

这样举了三个例子之后, 能不能肯定式(10.1)是恒等式呢?

恒等式, 恒等式, 要求恒等. 要求 x 取所有数值时两边都相等. 才验证了三个 x 的值, 怎么能断定它一定恒等呢?

其实, 这三个实例已经证明了式(10.1)是恒等式. 道理是: 如果它不是恒等式, 它一定是二次或一次方程, 这种方程不可能有三个根. 现在 $x=1,2,3$ 都是"根", 说明它不是方程而是恒等式.

在这个具体问题上, 演绎推理支持了归纳推理. 我们用数学上承认的演绎法证明了归纳法的有效性.

一般说来, 代数恒等式的检验都可以使用举例子的方法. 不过, 高次的和多元的等式, 要用更多的例子罢了.

但是, 更为有趣的是, 一个例子也能解决问题. 例如: 在式(10.1)中取 $x=10$ 代入, 两边都得 81, 这就证明它是恒等式.

为什么呢?

如果不是恒等式就可以整理成一个二次或一次方程:

$$ax^2 + bx + c = 0 \tag{10.2}$$

而且 a,b,c 都是绝对值不大于 6 的整数. 这是因为左边展开后至多只有 4 项, 每项系数都是 ± 1, 右端系数绝对值最大是 2.

如果我们用 $x=10$ 代入后, 得到

$$100a + 10b + c = 0 \tag{10.3}$$

因而

$$|100a| = |10b+c| \leqslant 66 \tag{10.4}$$

可是由于 a,b,c 是绝对值不大于 6 的整数, 所以必须 $a=0$. 由式(10.3)得

$$10b + c = 0 \tag{10.5}$$

因而

$$|10b| = |c| \leqslant 6 \tag{10.6}$$

所以又有 $b=0$, 由式(10.3), 也有 $c=0$, 这证明了(10.2)是恒等式.

这个方法也适用于检验高次的多变元的代数等式是不是恒等式. 只用一个例子就可以. 当次数越高, 变元越多时, 例子所涉及的数值就越大.

这些数学事实表明:在数学王国里的某些角落里,归纳法可以有效地证明一般性的命题,甚至可以用一个特例证明一般的命题.归纳法的这种力量,是由演绎推理证明的.

但是,代数恒等式在数学史上,远不如初等几何证明题那样受人青睐,那样丰富多彩,那样魅力无穷.正是在初等几何领域,演绎推理树立起了自己的威望,成为人所共知的绝对统治者.归纳法的效力,能不能在这里发挥作用呢? 传统的看法是否定的.但是,20 世纪 80 年代以来,中国数学家的工作在这里揭开了新的一页.

10.2　几何定理也能用例子证明

用举例的方法证明几何定理的研究,属于几何定理机器证明这个在近几十年间开始活跃起来的数学领域.

企图用机器来证明数学定理,这是历史上一些杰出的数学家与哲学家的美妙的梦.

数学问题大体上有两类,一类是求解,另一类是求证.我们熟悉的求解问题很多:解方程,解应用题,几何作图,求最大公约与最小公倍.我们熟悉的求证问题,大多是初等几何证明题,还有证明恒等式,证明不等式.

中国古代数学研究的中心问题是求解.把问题分为若干类,分别给出解题的方法.这方法是一系列确定的步骤,谁都可以学会.会一个方法,便能解一类问题.《九章算术》就是这么做的.

用一个固定的程式解决一类问题,这就是数学机械化的基本思想.追求数学的机械化方法,是中国古代数学的优秀传统之一.

在西方,以希腊几何学研究为代表的古代数学,所研究的中心问题不是求解而是求证.是从公理出发用演绎推理方式证明一个一个的定理.而证明定理的方法,则是一理一证,各具巧思,无一定法则可循.证明的成功有赖于技巧与灵感.

能不能找到一种方法,像解方程那样,按固定法则证明一批一批的几何定理呢?

17 世纪法国的唯理论哲学家,发明了解析几何的数学家笛卡儿,曾有过一个大胆的设想:

　　"一切问题化为数学问题.一切数学问题化为代数问题.

一切代数问题化为代数方程求解问题.”

笛卡儿想得太简单了,如果实现了他的计划,一切科学问题都可以机械地解决了,因为代数方程求解是有机械法则的.

但笛卡儿总算用坐标方法——解析几何的方法,把初等几何问题化成了代数问题.

比笛卡儿稍晚一些的德国唯理论哲学家、与牛顿同为创立微积分的数学家莱布尼茨,曾有过“推理机器”的设想,希望用一台机器代替人的推理活动.当人们争论得面红耳赤相持不下的时候,不妨心平气和地坐下来,让机器演算一番以确定是非曲直.莱布尼茨还真的设计过计算机,他的努力促进了数理逻辑的研究.

跨越 19—20 世纪的数学大师希尔伯特,在他的名著《几何基础》一书中,也曾提供过一小类几何命题的机械判定方法.

第二次世界大战以后,电子计算机的出现大大促进了定理机器证明的研究.经过许多出色的数学家的辛勤耕耘,这个领域有了蓬勃的发展.各国数学家先后提出过几种用机器证明初等几何定理的方法——这是数学家长期以来就想实行机械化的领域,但都不能在计算机上真的用来证明非平凡的几何定理.一直到杰出的中国数学家吴文俊教授在 1977 年发表他的初等几何机器证明新方法之后,在电子计算机上证明初等几何定理才成为现实.一个古老的梦开始实现了.用吴氏方法已在计算机上证明了 600 多条不平凡的几何定理,其中包括一些新发现的定理.

吴氏方法的基本思想是:先把几何问题化为代数问题,再把代数问题化为代数恒等式的检验问题.代数恒等式的检验是机械的,问题的转化过程也是机械的,整个问题也就机械化了.

既然几何证明问题可以化为代数恒等式的检验问题,而在前面又刚刚提到过可以用举例的方法检验代数恒等式,那是不是意味着有可能用举例的方法来证明几何定理呢?

吴氏方法鼓舞了这个方向的研究.在吴氏方法的基础上,洪加威于 1986 年发表了他那引起广泛兴趣的结果:对于相当广泛的一类几何命题,只要检验一个实例便能确定这条命题是不是成立.

特例的检验,能代替演绎推理的证明!

要检验特例,就要在计算机上作数值运算,而计算机总是有误差的.本来要证明一个式子恒等于 0,计算机却只能告诉我们结果是 10^{-12} 或更小的数.它是不是真的是 0 呢? 这个问题原则上也被洪加威解决了.他证明:用带有误差的计算可以满足我们要求准确结果的愿望.在一定条件下,计算出的结果绝对值小到某个程度,就一定是 0.

特殊中包含着一般,误差中包含着准确,这不但回答了本章一开始时提到的那位老师的两个问题,而且具有更深刻的哲学意义.

但是,洪加威要的那一个例子,不是随手拈来的例子,它要满足一定的条件,才足以具有一般的代表性.对于非平凡的几何命题,这例子往往涉及大得惊人的数值计算.为了使洪氏方法在计算机上实现,尚待进一步的努力.

洪氏方法揭示了一般与特殊在一定条件下的统一性,但还不是演绎与归纳的统一性.传统的归纳推理方法,不是去构造或找寻某个具有普遍意义的“通用”特例,而是从大量普通的俯拾皆是的例子里总结出一般论断.能不能用一些平常的、易于检验的例子证明几何定理呢?

在吴氏方法的基础上,张景中、杨路提出了另一种举例证明几何定理的方法.按照这种方法,为了判定一个(等式型)初等几何命题的真假,只需检验若干普通的实例.例子的数目与分布方式可以根据命题的复杂程度用机械的方法确定.用张杨方法,确实能在微机上,甚至在功能平凡的袖珍计算机上证明非平凡的几何定理.

例如,初等几何中有一个著名的费尔巴哈定理:“三角形的九点圆与它的内切圆、外切圆相切.”(所谓九点圆,是指三角形的三边中点,三高的垂足和三顶点到垂心连成的线段的中点这九个点共圆.)这个定理的证明不是很容易的.按照张杨方法,为了判定它是不是成立,只要检验 289 个例子.这 289 个例子在 PB700 袖珍机上用了仅 15 分钟.在 AST286 微机上用 42 秒就可以了.

用这种方法还能发现新定理.例如,有一个球面几何的新定理:“如果球面三角形面积是球面面积的 1/4,则三角形三边中点构成一个球面上的正三角形.”不等边三角形三边中点居然可以构成正三角形,这有点使人惊奇.这个命题的判定须检验 66 个例子,在 PB700 微机上用 150 秒,AST286 微机上仅用 1 秒多钟.可以说,这是用“归纳法”证明的一条新的几何定理.说不定它是第一条用“归纳法”证明的定理.因为迄今为止的几何定理,都是用演绎法证明的.

初等几何,是演绎推理取得统治地位的最古老的王国,也是历史上演绎与归纳分道扬镳的三岔口.现在,归纳法也来分享这个古老王国的政权了,是演绎推理证明了归纳推理在这里的权利.演绎在这里支持了归纳,这是理所当然的.当初这个王国的建立,本来有归纳的功劳.几何公理是不能用演绎法证明的,演绎法所用的形式逻辑也是不能用演绎法证明的,这是人类经验的结晶,是归纳的结果.

顺便提一句,举一些例子证明几何定理,举的例子不仅要够一定的数目,而且要有一定的分布方式,这正是归纳法的倡导者培根所要求的:要广泛搜集材料,搜集不同类型的材料.它的有效范围是它从中引申、归纳出的那些事例的范围.张杨法所要求的这一组例子的分布形式,足以保证概括了命题的论域,代表了广泛的一般情形.

10.3　进一步的思考

一个数学命题往往涉及无穷多的具体对象.例如,关于变元 x 的恒等式涉及 x 的无穷多个值;关于三角形的一条定理涉及无穷多种彼此不相似的三角形.例证法意味着:在这无穷多个对象中选择有限部分加以检验,即可确定某些命题的真假.这多少有点令人吃惊.

但更多地想一想,也有道理.试考虑一个数学系统中的若干命题,命题涉及的对象组成的集合叫论域.例如,关于三角形的命题,其论域就是三角形的集合.任给一个命题,便从论域中分出一个子集——它的元素是那些满足命题结论的对象,称这个子集为命题的特征集.命题是用符号语言的有穷列表达的,它是可数无穷多,故命题的特征集是可数的.但论域的子集却是不可数的——如果论域是无穷集.可见,命题特征集仅仅是论域子集的极少极少的一部分.这表明命题特征集的构成有很强的规律性,它们的元素之间有密切的关联.也许正是这些关联,使"归纳法"在数学的某些领域成为有效.

但这一切仅仅是开始.能不能把"归纳"用于更大的范围,尚须作艰难的研究.但是,缺口已打开了,归纳与演绎之间本是一条鸿沟,现在鸿沟上有了小小的一道桥梁,填平鸿沟也许是不可想象的,但总算可以跨过去了.

归纳法广泛用于自然科学的研究,特别是物理学的研究.科学家总是从有限次实验与观察中做出关于无穷多对象的判断,结果却常常是对的.这也许可以从例证法得到一点解释.很可能科学家所观察的对象之间的关联,可以用代数恒等式或更广泛一点的解析恒等式表达.这正是例证法已经被证明成立或有可能被证明成立的领域.这点解释当然不是很有力量的.不过,无论如何,总有了解释的可能.

例证法利用了命题涉及的对象之间的关联性.一个 n 次的一元代数等式,如果对变元的 $n+1$ 个值成立,则它对所有值成立.这不妨叫作变元取的值之间的代数关联性.我们还可以找到别的关联性——如拓扑关联性.一个连续的函数如果在某一点不等于 0,在这一点附近的某个小邻域也不等于 0,而小邻域中有无穷多个点.这表明,检验了一点的性质,也就了解了无穷多个点的性质.从这个角度,又增加了对归纳推理方法的支持,这也是在数学中扩展例证法适用领域的途径之一.随着数学的发展,人们有可能发现更多的关联性,为归纳法提供更多的理由.

为了获得知识,认识真理,究竟应当用什么方法? 归纳,还是演绎? 这是在西方哲学史上有过激烈争论的话题.

古希腊哲学家,多推崇演绎推理,这大概是因为当时最发达最系统的科学只有几何学.亚里士多德对逻辑学进行了系统研究,写出了论述"三段论"推理方法的名著《工具论》.到了中世纪,亚里士多德被经院哲学家奉为绝对权威,他的逻辑学成了经院哲学家进行神学思辨的基本方法,从词句到词句,从原理到原理,产生不出真正的知识.从亚里士多德时代到 17 世纪,这两千年中欧洲的科学发展十分缓慢.

随着资本主义生产关系的成熟与自然科学的发展,在英国出现了以培根、霍布斯、洛克为主要代表人物的唯物主义经验论哲学学派.培根特别反对仅仅靠演绎推理的三段论来获取知识.他说亚里士多德的《工具论》是"疯狂手册",是在很少事实基础上建立起来的蜘蛛网,这样得到的知识既不可靠又无用处.培根写了一本名为《新工具》的书系统阐述归纳推理的方法,认为归纳法以科学实验、经验事实为基础,是切实可靠的获得知识的方法.

差不多同时,欧洲大陆出现了以笛卡儿、莱布尼茨、斯宾诺莎为代表的唯理论哲学派别.他们认为感觉经验是不可靠的,数学演绎的方法才是有效的方法.例如,笛卡儿指出.事物远看就小,近看就大,说明感觉不能确实地认识世界.莱布尼茨认为,要认识一个普遍的真理,例子再多也没有用.事实的真理靠归纳经验得来,是偶然的、个别的.推理的真理靠演绎得来,靠逻辑的必然性得来,才是必然的,普遍的.斯宾诺莎更推崇演绎法,用几何学的体例写出他的《伦理学》.他确信哲学上的一切问题,都可以用几何的方法加以证明.

经验论重视感性认识,提倡归纳法;唯理论重视理性认识,提倡演绎法.两派在理性与感性的关系上展开了长期的反复的争论.争论结果是双方观点互相补充,逐渐接近.

现代西方哲学中逻辑实证主义,试图将演绎与归纳统一起来,做了一些有意义的新探索.他们把真理分为经验真理与逻辑真理.认为经验真理是或然的,逻辑真理是必然的,两种真理都是有意义的.归纳与演绎分别是获得两种真理的两种方法.

取代逻辑实证主义而兴起的批判理性主义,则猛烈反对归纳法.认为从个别的具体的经验事实,不能得出普遍的、必然的科学真理.从过去不能推知未来,所以归纳原则是站不住脚的.因而得出结论:科学知识不是真理,只是猜测.理论不能证实,只能证伪.靠什么证伪呢? ——靠证伪的演绎推理方法.

总的来说,现代西方哲学在认识论上既倾向于否定归纳法,但又认为演绎推理的方法有其局限性——它的逻辑功能只能把真理从一个陈述中传递到另一个陈述之中,这种传递原则上不增加任何新的关于自然界的知识.这就不可避免地在认识论方面倾向于相对主义,认为真理是相对的,存在是相对的,历史是偶然的,世界是不可认识的.

数学的新结果表明:归纳与演绎是对立的统一.认为归纳推理毫无根据是不充分的,因为在初等几何范围内已证明了归纳的有效性.认为演绎推理不能使我们增加新知识也是不确切的.演绎推理揭示出事物的内在联系,使我们看到现象背后的本质,这就是增加了我们的新知识.

归纳与演绎,是人类认识世界的两个基本方法,它们相互支持,相互补充,使我们越来越接近于真理.

十一   数学与哲学随想

11.1   数学的领域在扩大,哲学的地盘在缩小

数学的领域在扩大.

哲学的地盘在缩小.

哲学曾经把整个宇宙作为自己的研究对象.那时候,它是包罗万象的.数学却只不过是算术和几何.

17世纪,自然科学的大发展使哲学退出了一系列研究领域,哲学的中心问题从"世界是什么样的"变成"人怎样认识世界".这个时候,数学扩大了自己的领域,它开始研究运动与变化.

今天,数学的研究对象是一切抽象结构——所有可能的关系与形式.数学向一切学科渗透.但西方现代哲学却把注意力限制于意义的分析.把问题缩小到"人能说出些什么".

哲学应当是人类认识世界的先导,哲学关心的首先应当是科学的未知领域.

哲学家谈论原子在物理学家研究原子之前,哲学家谈论元素在化学家研究元素之前,哲学家谈论无限与连续性在数学家说明无限与连续性之前.

一旦科学真真实实地研究哲学家所谈论过的对象时,哲学沉默了.它倾听科学的发现,准备提出新的问题.

哲学,在某种意义上是望远镜.当旅行者到达一个地方时,他不再用望远镜观察这个地方了,而用它观察前方.

数学则相反,它最容易进入成熟的科学,获得了足够丰富事实的科学,能够提出规律性的假设的科学.它好像是显微镜,只有把对象拿

到手中,甚至切成薄片,经过处理,才能用显微镜观察它.

哲学从一门学科退出,意味着这门学科的诞生.数学渗入一门学科,甚至控制一门学科,意味着这门学科达到成熟的阶段.

哲学的地盘在缩小,数学的领域在扩大,这是科学发展的结果,是人类智慧的胜利.

但是,宇宙的奥秘是无穷的.向前看,望远镜的视野不受任何限制.新的学科将不断涌现,而在它们出现之前,哲学有许多事可做.面对着浩渺的宇宙,面对着人类的种种困难问题,哲学已经放弃的和数学已经占领的,都不过是沧海一粟.

哲学在任何具体学科领域都无法与该学科一争高下,但它可以从事任何具体学科所无法完成的工作,它为学科的诞生准备条件.

数学在任何具体学科领域都有可能出色地工作,但它离开具体学科之后却无法做出贡献.它必须利用具体学科为它创造的条件.

模糊的哲学与精确的数学.人类的望远镜与显微镜.

11.2 数学始终在影响着哲学

数学始终在影响着哲学.

古代哲学家孜孜以求的是宇宙本体的奥秘.数学的对象曾被毕达哥拉斯当作宇宙的本质,曾被柏拉图当作理念世界的一部分.

柏拉图认为,数学与善之间有密切的关系.

近代哲学家热情地探索人的认识能力的界限和认识的规律,在数学的影响下产生了唯理论学派.他们认为数学思维的严密性是认识的最高目的.唯理论的两位大家——笛卡儿和莱布尼茨——正是卓越的数学家.另一位唯理论的著名代表人物斯宾诺莎,有一本写法奇特的代表作《伦理学》,这本书完全仿照几何学的体例,先提出定义、公理,然后用演绎法一个一个地对命题加以证明,并以"证毕"作为论证的结束.他确信哲学上的一切,包括伦理、道德,都可以用几何的方法——证明.

唯理论的哲学论敌是经验论.但经验论的代表人物霍布斯也认为几何学的方法是取得理性认识的唯一科学方法.另一位经验论著名人物洛克,也认为数学知识才具有确实性与必然性,感觉的知识只具有或然性.

在西方有巨大影响的是康德的哲学.康德哲学的出发点是解决这样一个基本问题:既然人的认识都来源于经验,为什么又能得到具有普遍性与必然性的科学知识特别是数学知识呢? 于是他提出人具有先验的感性直观——时间与空间.可以说,对几何学的错误认识,导致了康德学说的诞生.

数学的成功使哲学家重视逻辑的研究与运用.古代有亚里士多德的《工具论》,现在有西方的逻辑实证主义.

现代数学把结构作为自己的研究对象.西方现代哲学的一个重要派别是结构主义.

数学讲究定义的准确与清晰,现代西方哲学则用很大力气分析语言、概念的含义.

为什么哲学家如此重视数学呢?

当哲学家要说明世界上的一切时,他看到,万物都具有一定的量,呈现出具体的形.数学的对象寓于万物之中.

当哲学家谈论怎样认识真理时,他不能不注意到,数学真理是那么清晰而无可怀疑,那样必然而普遍.

当哲学家谈论抽象的事物是否存在时,数学提供了最抽象而又最具体的东西,数、形、关系、结构.它们有着似乎是不依赖于人的主观意志的性质.

当哲学家在争论中希望把概念弄得更清楚时,数学提供了似乎卓有成效的形式化的方法.

数学也受哲学的影响,但不明显.

即使数学家本身也是哲学家,他的数学活动并不一定打上哲学观点的烙印,他的哲学观点往往被后人否定,而数学成果却与世长存.

数学太具体了,太明确了.错误的东西易于被发现,被清除.

在唯物主义哲学看来,数学家在从事数学研究中,通常是坚持唯物主义观点的.尽管可能是不自觉的.

但有些杰出的数学家,明显地表现出唯心主义观点——特别是数学柏拉图主义.如康托尔,他认为无穷集是客观独立存在的,但这很可能更激发了他的研究热情.

可不可以说:许多数学家,是自觉的唯心主义与不自觉的唯物主义的结合呢?

这是一个复杂的问题.但是,在现代数学的洪流之中,这问题似乎已消失了.现代西方哲学认为唯物论与唯心论的对立是无意义的,这其实也受数学的影响.数学有过一次经验:欧几里得几何与非欧几何哪个真是无意义的.

如果真的是由于数学的影响,应当说数学这次对哲学的影响是消极的.

数学对哲学的影响,哪些是积极的? 哪些是消极的? 有待于哲学家研究.

11.3 抽象与具体

哲学对具体的东西作抽象的研究.

数学对抽象的东西作具体的研究.

哲学研究世界上一切事物共同的普遍的规律.研究人如何认识世界,研究概念的意义,这些被研究的东西是具体的,一般人都可以想象,可以把握.

数学研究的东西使人难以想象,高维空间,非欧几何,超限数,豪司道夫怪球,达到高度抽象.不是内行,很难理解.

但哲学命题却使人难以把握其确切含意.比如,哲学家常常说"存在",什么叫"存在"? 使用"存在"这个概念要服从什么法则? 谁也没有清楚地阐述过.

哲学家常常说"事物",什么叫"事物"? 如何运用"事物"这个概念? 也没有界说.

哲学家的有些命题,只可意会,不可言传.比如"世界是物质的",这是一条十分重要的哲学命题.从常识出发,人人能理解,而且它是与科学的发现始终一致的.但如果从字眼上追究,究竟什么叫"物质"? 如何证明世界是物质的? 根据这个命题如何指出具体的实验方法? 都是不可能的.无论科学作出什么新发现,也不可能否定这个基本命题.它给人以启示,给人以指导,但你又抓不住它的具体内容.

数学研究的对象虽然抽象,但却可以作具体的研究,而且只能作具体研究.数学中的许多概念,可以言传而不可意会.用符号、语言,一步一步可以讲得很严格,很具体,至于它究竟是什么,由于抽象的次数太多了,头脑中已难以想象.但推理、论证,却绝不含糊.

西方现代哲学热心于把概念精确化,这似乎是受了数学的影响,但是,哲学的本性是不精确的,因为哲学的对象是科学的未知领域.如果哲学像数学那么精确严格,哲学也就成了数学的一部分,不再是哲学了.

11.4 涉及具体问题时,语言必须准确严格

涉及具体问题时,语言必须精确严格.数学的看家本领,就是把概念弄清楚.这本领是经过两千多年才练出来的.

有些扯不清的事,概念清楚了,答案也清楚了.

先有鸡还是先有蛋? 这常常被认为是扯不清的事.

这个问题不是与哲学无关.13世纪的经院哲学家,被罗马教皇封为"神学之王"的托马斯,曾提出过关于上帝存在的五种"证明",其中一种"证明"是:

任何结果总有原因,其原因又是其他原因的结果.依此类推,必有一个最初的原因,这就是上帝.

按照托马斯的逻辑,先有鸡先有蛋的问题只能这样解决:上帝造出了第一只鸡,因而先有鸡.这就把问题与哲学联系起来了.

现在我们抛开子虚乌有的上帝,从科学角度分析,是先有鸡,还是先有蛋呢?

只从逻辑上讲,可能没有答案.例如:"最小的整数是奇数还是偶数?"就没有答案,因为没有最小的整数.

能不能说,鸡与蛋,像偶数与奇数一样,没有最先的呢? 这不行.我们已经知道,地球上本来没有生物,也没有鸡和鸡蛋,它们是在自然界发展中出现的,应该有一先一后.

对这样的问题,数学思维方式是问一问什么是鸡,什么是鸡蛋,它们之间有什么联系.

如果生物学家无法判断什么是鸡,当然也无法回答这个问题.我们应当假定,什么是鸡的问题已经解决.否则,问题没有意义.

什么是鸡蛋呢？鸡蛋的概念不应当与鸡无关,否则问题也无意义了.根据常识,我们可以提供两个可能的定义:

甲.鸡生的蛋才叫鸡蛋.

乙.能孵出鸡的蛋和鸡生的蛋都叫鸡蛋.

如果选择定义甲,自然是先有鸡,第一只鸡是从某种蛋里出来的,而这种蛋不是鸡生的,按定义,不叫鸡蛋.如果选择定义乙,一定是先有蛋.孵出了第一只鸡的蛋,按定义是鸡蛋,可它并不是鸡生的.

只要我们把定义选择好,问题就迎刃而解.

如果不把鸡蛋的定义确定下来,问题自然无解.不知道什么是鸡蛋,还问什么先有鸡先有蛋呢？

至于怎么选择定义才合理,那就是生物学家课题,说不定有一番争论.

这就是数学家常用的办法——问一个"是什么?"古代的哲学家不懂得这个方法,古代的数学家也不太懂这个方法.这个方法是从非欧几何诞生之后数学家才掌握的.现代西方哲学家正力图把这个方法搬到哲学中去,是否能够成功呢,那就不见得了.

11.5　个别与一般

个别和一般的关系,在两千多年的时期内一直成为哲学家讨论的话题.

柏拉图认为,具体事物是虚幻的,抽象的概念倒是真实的.世界上除了大狗、小狗、黄狗这些个别的狗之外,还有一个理念的狗.具体的狗可以变化,死亡,而理念的狗是永恒的,绝对的.具体的狗之所以是狗,是因为它分有了"狗"这个理念.

亚里士多德批判了柏拉图的理念论,他指出一般不能离开个别而存在.除了具体的这只狗、那只狗之外,没有一个另外的抽象的狗.但他并不认为一般存在于个别之中.列宁赞扬过亚里士多德对柏拉图的批判,但又认为他就是弄不清一般和个别的辩证法.

到了中世纪,在经院哲学内部,分成了唯名论与实在论两派,他们之间进行了激烈的争论.唯名论认为:"个别"高于"一般",一般概念仅仅是一个名词,个别的事物才是真的.实在论认为,"一般"高于"个别"，"一般"是独立实在的，先于"个别"，派生"个别".

这两派的斗争非同小可. 唯名论者常常受到打击与迫害. 因为他们认为，具体的、个别的"王权"高于一般的、普遍的"教会". 当然触犯了教权. 而在中世纪，教权是高于一切的.

在中国古代，有公孙龙"白马非马"的著名诡论. 他说：要马，黄马黑马都可以. 要白马，黄马黑马就不行了. 可见白马非马. 这种说法难着了当时的许多人.

一般与个别的关系，长期在争论，也就说明长期弄不清.

其实，用数学中集合的概念很容易弄清一般与个别的关系.

这只狗，那只狗，过去的每一只狗，未来的每一只狗，构成一个集合，这个集合就叫作狗集合，不过通常略去集合二字罢了. 具体的狗是狗集合的元素. 黑狗，是狗集合的一个子集. 这样看，"一般"是存在的，它作为集合而存在. 个别也是存在的，它作为集合的元素而存在. 集合由元素构成，没有元素的集合是空的，可见一般离不开个别.

公孙龙的诡论，一方面是弄不清一般与个别的关系，另一方面是利用了语言的歧义.

我们常常用"是""非"这些字眼，但是，它们在不同的场合意义不同.

"是"可以表示"等于". "欧几里得是《几何原本》的作者"，这里，"是"表示等于.

"是"可以表示"属于". "欧几里得是古希腊数学家"，这里"是"不再表示等于了. "古希腊数学家"是一个集合，欧几里得是这个集合中的一个元素. 元素与集合的关系，在数学上用"属于"来表示.

"是"可以表示"包含于". "狗是哺乳动物"这句话里，"狗"是一个集合，"哺乳动物"也是一个集合. 这句话表示："狗"集合是"哺乳动物"集合的子集. 在数学里，若甲集是乙集的子集，就说甲集包含于乙集.

回到公孙龙的"白马非马"，我们问：这里"非"字是什么意思呢？

"非"是"是"的反面. "是"可以表示"等于""属于"或"包含于"，"非"也就可以表示"不等于""不属于"或"不包含于".

"马"是一个集合，"白马"是"马"的一个子集合，"白马非马"中的"非"字，如果表示"不等于"，这句话是对的，因为白马集合确实不等于马集合. 如果表示"不包含于",就错了. 因为白马集合包含于马集合.

顺便说一句,说"白马集合不属于马集合",从数学上看是对的. 因为"属于"表示元素与集合之间的关系,不用来表示集合之间的关系.

这样,"白马非马"也就成了索然无味的、毫无诡论意义的普遍陈述了——只要说清楚"非"字的含义.

被誉为"哲学之王"的黑格尔说:你可以吃樱桃和李子,但不能吃水果. 这无非是说樱桃和李子不是水果,和白马非马是一样的,不过比公孙龙晚两千年罢了.

11.6 事物与概念

客观事物作用于人的感官,使人产生相应的概念. 我们看见月亮这个东西,才有了月亮这个概念. 这表明先有事物后有概念.

但是,有些事物是人发明出来的,人必须先在头脑中形成一定的概念,作为创造具体事物的依据. 因此,对于人工的事物,则可以先有概念,后有事物.

提到数学对象,产生了一个难题:点、线、面、数这些概念与它们所代表的事物,是谁在前谁在后呢? 是先有了点、线、面、数这些事物,反映在人们头脑中成为概念呢? 是人们在头脑中形成概念之后,把它们创造出来用以描述客观世界呢?

认为世界上先有了点、线、面、数,这正好是柏拉图的唯心主义的理念论.

认为它们是人从概念中创造出来的,如何解释数学定律的客观性与准确性?

只有这样解释:客观事物的数量关系和空间形式在人的头脑中抽象为数学概念,人根据概念又创造出数学对象. 数学对象之间的关系与客观世界一致,并不奇怪.

一个真正奇怪的故事是虚数的产生. -1 的平方根,是数学运算的结果. 在几百年的漫长时期中,最伟大的数学家也认为它纯属虚幻. 后来才发现它并不虚,它反映了客观世界的某些性质与规律. 但它一开始并不是客观事物在人头脑中的反映,是人通过运算把它创造出来的.

人创造出来虚数,但虚数服从的数学规律不以人的主观意志为转移,因此,数学家觉得,不是人创造了虚数,而是人发现了虚数.

同样,数学家认为哈米尔顿发现了四元数,而不是发明了四元数.

数学家总是自觉不自觉地把他们研究的对象想象成客观的实在.但是,当他们认为规律是客观的时候,他们被认为是唯物的,当他们认为数学对象是实在的时候,他们又被认为是唯心的.唯心主义能够在数学中找到栖身之处.正如列宁指出过的:在最简单的抽象中,已经包含着唯心主义的可能性①.

回到开始的话题.可不可以说,数学对象是和概念同时产生的呢?这时,事物不过是概念,概念也就是事物.

11.7 "我不需要这个假设"

现代西方哲学诸派有一个共同特点,他们都认为"世界是物质的还是精神的"? 这个哲学基本问题是无意义的假问题.

例如,逻辑实证主义就认为,唯物主义与唯心主义争论的这个问题,是形而上学的假陈述.他们认为,唯物论与唯心论的对立实质上是表述方式的不同.唯物论认为存在一个不以人的意志为转移的客观世界,而唯心论并不否认这个客观世界的存在,只是提出这个客观世界的可感觉的意义.无论是唯心论还是唯物论,都没有提出可供经验证实的具体内容.而在逻辑实证主义看来,如果提出一个命题而不能描述出证实的方法,这个命题就是无意义的.

很明显,逻辑实证主义深深受数学的影响.他们要求命题的表达严格准确,要求证实——经验证实或逻辑证实.

例如,"世界的本原是物质""世界的本原是精神"这两个命题中,包含了"本原"这个词.什么叫本原,是没有说清楚的.什么叫物质,什么叫精神,也都是没有说清楚的.因而是无意义的命题.

但是,怎样才能说清楚呢? 说清楚,无非是用另一个字眼或另一些字眼代替"本原""物质"或"精神"这些字眼.而新引进的字眼本身也有待用别的字眼说清楚,这就陷入于无穷回归之中.

怀疑主义哲学用以怀疑数学真理的主要论据是指出这种"无穷回

---

① 见苏联《哲学百科全书》——"数学"条目.

归"的不可避免,但数学已跳出这个无穷回归的怪圈,那就是结构主义的数学.数学说:我们研究某种结构,这种结构如果具有某种性质,则必具有另外某种性质.

这是数学的特点,它不肯定"是什么"的问题,它只说,如果是什么,那么就如何如何.

哲学在这一点上不能学习数学.哲学命题从来不带"如果"."世界是物质的""一切事物内部包含着矛盾""运动本身就是矛盾",这些命题的特点是无条件的,是断言,是斩钉截铁的陈述.

因此,无法要求哲学把命题陈述得更清楚,否则,或陷入无穷回归,或成为假言命题.这都不符合哲学探求普遍规律的本性.

能不能设计一种科学实验检验一下,世界本原是物质的还是精神的呢?爱因斯坦的相对论不是用设计实验的办法来检验的吗?

无法设计.无论科学实验得出任何结果,唯物论者会说,这是物质的本性.唯心论者也会说,这是精神的特点.

哲学绝不肯把自己命题的生命与某一个科学实验的结果联系起来.实际上,唯物论者无非是说,世界就是世界本身,用不着在世界本身之外再找寻什么原因,这当然是永远无法推翻的.但是唯心论者硬要再问,世界本身为什么是这样的呢?他们说,这是由于"绝对理念",或由于"冲创意志",或由于别的什么.那么,如果再问为什么绝对理念是这样的呢?为什么会有冲创意志呢?又陷入无穷回归之中.既然不必再问下去,为什么不早一点停止追问,把答案限制于世界就是世界本身——"世界是物质的"呢?

用逻辑和实验都无法否定唯心主义.也许最好的批判是"奥卡姆的剃刀",或者数学家拉普拉斯的名言"我不需要这个假设".

11.8 证实与证伪

批判理性主义主张"证伪原则",认为只有能被经验证伪的命题才是科学命题.

其理由是:科学命题是全称判断,举多少例子也不能证实.但有一个反例就能证明命题不成立.

但这种看法不全面.数学里面有各种类型的命题:

　　哥德巴赫猜想　每个大于 2 的偶数都可以表示为两个素数之和.检验多少偶数也不可能证实它,找到一个反例就可以证明它不成立.

　　解的存在定理　数学里有许多存在性定理,定理往往肯定某一方程有解.这种类型的命题,实际检验只能肯定它,不能否定它.实际检验,无非是把数代入方程试一试.满足了,命题就成立,不满足,并不能否定命题,因为还可以再试验别的数.这类命题物理学里也有:如磁单极存在的猜想.

　　孪生素数无穷的猜测　如果 p 和 $p+2$ 都是素数,(如 3 与 5,5 与 7,17 与 19),便称它们是一对孪生素数.数学家猜想:"孪生素数是无穷的".给了任一个 p,很容易检验 p 和 $p+2$ 是不是一对孪生素数.但无论检验的结果如何,既不能证实这个命题,也不能推翻这个命题.能说它不是一个科学的命题吗?

　　看来,逻辑实证主义的"证实主义",批判理性主义的"证伪主义",都不足以判定一个命题是不是科学命题.科学命题可能被证实而不被证伪,也可能被证伪而不被证实,甚至可能既不被证伪又不被证实.

　　哲学上的许多命题,既不能被证实,又不能被证伪.

　　"物质是无限可分的,不存在不可分的基本粒子",它永远不可能被证实,但也不可能被证伪.即使把目前已发现的"基本"粒子再分一百万次,还不能算"无限可分".但反过来,即使一百万年都不能把"基本"粒子再分割成更基本的粒子,也不能推翻这个命题.反过来,假定物质由不可分的基本粒子组成,也是既不能证实,也不能证伪的.

　　类似地,"宇宙是无限的""宇宙是有限的",也不可能证实或证伪.

　　看来,一个命题是不是科学命题,不能简单地从逻辑上来确定,这是一个复杂的问题,只能在社会实践中检验.

11.9　数学世界是人的创造,但它是客观的

　　数学从客观世界汲取营养,形成自己的概念.但概念一旦形成,就有了自己的性质,数学家奈何它不得.

　　康托尔和戴德金在建立实数理论的时候,并没有想到实数比自然数多.更没有想到一小截线段上的点和全空间的点一样多.集合论中的发现使康托尔自己一再吃惊.

数学家自己事先想不到的事太多了.

圆规直尺不能三等分角,五次以上方程没有根式解,非欧几何,豪司道夫怪球,不可证明的真命题.

数学世界是人的创造,但它是客观的.它的内在性质与规律不以人的主观意志为转移.

批判理性主义的创始人,当代西方著名哲学家波普,他的证伪主义虽不足取,但他的三个世界的理论却包含了极有价值的东西.

波普认为世界由三个部分组成;

世界 1——物理世界,即物质世界;

世界 2——精神世界;

世界 3——人类精神产物的世界.

其实,世界 2 不过是世界 1 的一部分.因为人脑也是物质,精神活动也是物质活动,不过因为是人在研究,就特别重视自己的精神,也就把它单列为一个世界了.

世界 3 的确是独具特色,它是精神世界的产品,但又具有物质世界那种不依人的主观意志为转移的客观规律性.世界 3 完全由信息组成.它是以世界 1 中的信息为基本原料,在世界 2 中进行加工的结果.

数学对象存在于何处?现在可以说,它存在于世界 3,世界 3 不是柏拉图的理念世界,因为已经肯定了先有世界 1.但是,世界 3 对世界 2 有重要的影响,并且它通过世界 2 来影响世界 1.

有一种看法认为三个世界的理论将导致唯心主义,这似乎未必.

11.10 事物的总体性

三角形内角和等于 $180°$,这是一个很初等的数学命题.

但从某一个角度看,它又比一些微积分的定理还深刻.

深刻之处在于,它阐明的是三角形的总体性质.这条定理对于三角形的一条边、一个角都是没有意义的,只有把三角形作为一个总体,才有这个命题.

而许多初等微积分定理,研究的仅是函数的局部性质.

正是从三角形内角和定理出发,现代数学达到了十分深刻的结果——"高斯-比内-陈定理".这是当代数学大师陈省身教授的得意之笔.

三角形内角和是 180°,四边形呢? 五边形呢? 这容易回答:四边形内角和是 360°,五边形内角和是 540°. 一般的,n 边形内角和是($n-2$)个 180°.

这似乎是找到了一般规律. 其实不然. 把观点变一变,不看内角看外角,便有:

三角形外角和为 360°;

四边形外角和为 360°;

五边形外角和为 360°;

……

任意凸多边形外角和为 360°.

这个结论就比"内角和是($n-2$)个 180°"干净、利落,因而漂亮,实现了特殊到一般的转化.

多边形是由有限条直线段构成的,有限化为无限,多边形就变成了封闭曲线. 设想这封闭曲线是自己不和自己相交的一条高速公路,汽车在上面奔驰,其运动方向时时在改变. 汽车在曲线上转了一圈,运动方向改变总量(代数和)是多少呢? 恰恰是 360°. 这里又一次从特殊达到了一般.

进一步把曲线放到曲面上,放到"流形"上,最终到达深刻的"高斯-比内-陈定理".

不仅看内角,而且看外角;不仅看直线,而且看曲线;不仅看平面,而且看曲面. 这里生动地体现了辩证的方法.

现代数学十分关心事物的总体性. 大范围分析就专门研究流形(曲面的推广)的总体性质."高斯-比内-陈定理"开创了这一方向.

现代西方哲学中的西方马克思主义派以及结构主义派都十分重视事物的总体性. 是数学的发展影响了哲学? 还是哲学影响了数学? 还是人们的思想认识不约而同地都达到了重视总体性的时代呢?

11.11　变化中的不变

数学特别关心变化中不变的东西.

平移运动下,与平移方向一致的直线是不变的. 旋转运动下,转动中心是不变的. 变化中不变的东西,往往是最重要的东西,刻画了变化的特性的东西.

运动可以改变图形的位置,但图形上线段的长度是不变的. 这长度就是两点的距离. 保持两点距离不变是运动的特点.

放大镜下,图形变了样,两点距离变大了. 摄影,又使图形变小. 这时两点距离变了,但直线之间的角度不变. 图形的按比例放大与缩小,叫相似变换. 保持直线仍为直线,并且直线间的角度不变,是相似变换的特点.

阳光从窗口射到地板上,窗玻璃上画的三角形在地板上留下了影子,三角形的三边的长度变了,三个角也变了,但直线的影子仍是直线,线段中点的影子仍是线段影子的中点,三角形的中位线变成影子三角形的中位线,平行线的影子仍是平行线. 几何图形的这种变换,叫仿射变换. 它的特点是把平行直线变成平行直线.

广场上的两根柱子是平行的,在灯光照射下,柱子的影子仍是直的,但不再平行了. 这种保持直线为直线,但不保证平行直线仍然平行的变换叫射影变换.

各种几何变换之下都有不变的东西.

把图形画在橡皮薄膜上,把薄膜折叠、揉搓、拉伸、压缩,图形的性质会发生剧烈的变化. 直可以变曲,短可以变长,三角形可以变成四边形,但只要不撕破橡皮薄膜,不把橡皮薄膜上两个地方粘在一起,图形总有些性质是保持不变的. 例如,一个圈子总是一个圈子. 这种变换属于拓扑变换. 拓扑学已成为现代数学的一个极重要的分支. 拓扑学里有一条有名的定理叫不动点定理. 它的最简单的例子是球面到自身的连续映射一定有不动点. 按照这个定理,可以得到一个有趣的结论:地球上时时刻刻有不刮风的地方! 对不动点定理的研究,已成了现代数学的一个重要课题.

任何科学都关心某种变化中不变的东西. 生物学关心遗传因子,化学关心元素,物理学关心基本粒子,哲学家关心普遍的规律.

宇宙中的一切在运动与变化. 但我们相信变化与运动遵循的基本规律是不变的. 如果基本规律也在变,比如说,某一天万有引力忽然消失了,或光速变得更快,或能量守恒律不成立了,人类会觉得世界是不可想象的.

当然,不变的规律是基本规律,是指一定条件下必然产生一定的结果.记得谁说过,太阳上没有水,也就没有关于水的规律.似乎不能这样说.关于水的规律,是指如果有水,则水有什么性质等等.规律的内容包含了它的前提.

我们日常感到的规律,如冬去春来,日出日落,总有一天是要变的.但在这变的背后,仍有不变的东西在支配着,这应当是科学与哲学的基本信念.

11.12　预　言

存在决定意识.人总是受时代的限制.这可以说明,为什么哲学总是受到后人的批判.

数学家的工作却多是受到后人的肯定.这使数学变成越来越庞大,越难于掌握的一门科学.但离开具体命题,涉及对事物的观点,数学家也总是看不到下一步是什么样子,也总是受限制于时代,即使是最伟大的数学家.

欧几里得力图给点和直线这些基本的几何元素下定义,结果是徒劳的.演绎推理必须从不加定义的元素开始,而元素的性质由公理刻画.这是后人比欧几里得高明之处.

欧拉对复数作了深刻的研究,但他弄不清虚数 $\sqrt{-1}$ 的意义.他认为 $\sqrt{-1}$ 既不是什么又不是什么都不是,它纯属虚幻.

牛顿无法说明自己所创立的微分法.

希尔伯特终于发现自己提出了一个不能实现的目标——用形式系统证明数学的协调性.

现在我们回头来看,就不难理解,为什么如此伟大的思想家恩格斯也曾发表过"武器发展到机关枪已到了顶点,因为再快人已无法控制了"这种显然错误的预言.他想都没想过自动控制的导弹.

可以用纯形式的逻辑推理证明,准确地预知未来是不可能的,它将导致矛盾:

在一张卡片上写下一句话,这句话描述了一件事,请预言家先发表意见,再揭开卡片.预言家应当说明,卡片上所写的事是否发生.

卡片既已写好,答案应当是确定了的.两位预言家各选一个答案:甲说是,乙说否,两个人总有一个命中了吧?

但是,卡片上写着"你的预言是'否'!"

预言"否"的乙错了,他认为卡片上的事不会发生,但发生了.

预言"是"的甲也错了,他认为卡片上的事会发生,但没有发生.

11.13 "没有两件事物完全一样"

被誉为哲学之王的黑格尔在德国国王宫廷讲学时,肯定地说:"世界上没有两件事物是完全一样的."事后,听讲的宫女纷纷在花园里找寻树叶加以比较,她们看到,确实没有两片相同的树叶!

宫女们没找到相同的树叶,并不足以证明黑格尔的这个命题,因为世界上树叶多的是,古往今来的树叶有无穷多,不可能一一加以比较.另一方面,宫女们即使找到两片"一样"的树叶,也否定不了黑格尔的命题,因为可能存在着肉眼、甚至显微镜也发现不了的细微差别.

黑格尔的命题自身证明了自身:如果完全一样,就不叫作两个事物,而是同一个事物了.事实上,两个事物在空间占的位置总是不一样的.比如两个电子,我们无法指出两个电子之间有什么不同,除了它们占有不同的位置.

"完全一样",本身是一个模糊概念.

国旗上的大五角星和小五角星,可以说是一样的,因为形状和颜色一样.也可以说不一样,因为大小不一样.

一样可以有种种的标准.数学在研究"一样"这个概念时,就舍弃了所有的标准,注意力集中于它的结构特性.

什么是"一样"呢?在数学看来,"一样"是一种关系,它可能存在于两个事物之间.这个关系应当满足三个条件:

(1)任何事物自己与自己是一样的;

(2)如果甲和乙一样,乙就和甲一样;

(3)如果甲和乙一样,乙和丙一样,那么甲就和丙一样.

满足这三条关系,叫等价关系.

在几何学中,两个三角形之间的全等关系,相似关系,等积关系,都是等价关系.

所谓一样,就是提供了一个把事物进行分类的方法,同一类的事物认为是一样的.根据不同的目的,可以有各种分类方法.黑格尔说:"没有两件事物完全一样",这里,完全一样意味着:对事物进行分类时,每一类只有一件事物.当然不可能有两件事物完全一样了.

11.14 物极必反

中国有句古语,叫作"物极必反".

这和辩证法的"否定之否定"是一致的.它是说,事物发展到了一定限度,将会向反面转化.

那么,什么叫"极"呢?"极"就是到了头,到了顶点.什么叫到了顶点呢?就是只能回头了,就是要"反"了.

"极"与"反"有逻辑上的联系.如果没有反,就是还不到"极"的时候.这么一分析,一句极富启发意义的警句成了同语反复,使人颇为扫兴.

其实,逻辑上的同语反复并不一定没有意义,关键是涉及的概念有没有生命力."极"这个概念,来自客观世界的沧海桑田、风云变幻,来自人们对新陈代谢现象的认识,它是有生命力的概念.

有人认为数学没给人以新的东西.因为所有的结论都包含在概念的定义之中了.这是不错的.本质上,数学命题是同语反复,甚至结论比前提还要贫乏.但是,如果不给出数学的证明,谁又知道这是同语反复呢?直角三角形画在黑板上,看来简单明白,一览无遗,不经过逻辑推理,谁能想到斜边上的正方形面积恰巧是两直角边上正方形面积之和呢?

象棋与围棋的千变万化,都是简简单单的几条规则的逻辑推论.没有给出任何新的东西.游戏尚且有如此丰富的内容,更何况概念源于气象万千的现实世界的数学了.

11.15 量变与质变

量变引起质变,在数学中到处可以找到例子.

平面与圆锥面相截,截口的几何特性随平面与圆锥轴线的交角而变化.交角是直角时,截口是圆,稍变一点,圆成了椭圆,再变,再变,到一个关键之点,椭圆成了抛物线,过了这一点,又变成双曲线了.

实系数二次方程有一个判别式.判别式是正的、负的或 0 分别使方程有相异实根、复根,或相同实根.

无穷级数的种种收敛判别法大都依赖某个参数,参数到了一定界限,级数就发散.

一个十分活跃的研究领域——分支理论,研究的正是决定性过程中参变量的变化在哪些关键点导致质变,和如何产生质变.

辩证法有三条基本规律:对立统一规律,质量互变规律,否定之否定的规律.如果要问,为什么会有这么三条规律?哲学家会如何解答呢?在这三条背后,有没有更基本的原理呢?

也许,能够从数学角度加以说明.

一个事物的性质最终可以用一串数描述,它可以看成是一个有穷维或无穷维的以时间为自变量的向量值函数.事物的变化,无非是向量的各个分量的变化——增加与减少.因为数的变化只能如此.增加与减少,正是对立与统一的两个方面.

函数有连续点与不连续点.一般说来,自然界的一切常可以用解析函数描述.解析函数除个别点外是连续的.当事物的变化与联系不能保持函数的连续性时,也就是到达间断点时,人们就说事物发生了质的变化.

函数的变化有两种基本形式:单调增减与周期变化.两种基本形式的组合是螺旋运动.螺旋运动的每一个环节,都可以看成是一个否定之否定的过程.

哲学要研究的是关于自然、社会和思维普遍规律的科学.这种普遍规律只有与具体内容脱离之后才能成为普遍适用的规律.只有数学的抽象,才能完成描述这一普遍规律的任务.

数学是一切科学的工具,它能够也应当成为哲学的工具.现代西方哲学家致力于使哲学语言精确化,这种努力有助于使数学进入哲学.辩证唯物主义的哲学家似不应当把这一重要领域看成是仅仅是其他学派的专利.马克思在百忙中还认真学习数学,写出了有重要思想价值的《数学手稿》.而当时的数学,正像恩格斯所说,在社会科学中的应用几乎等于 0.如果马克思活到今天,看到数学无孔不入地渗入一切学科的局面,《数学手稿》的续集,很可能涉及数学在哲学中的应用.

11.16　罗素与"事素"

罗素被西方哲学界公认为当代最伟大的哲学家.他有一个始终如一的信念,就是坚信人能认识无可怀疑的真理.为此,他投身于数学研究,希望在数学领域建立起可靠真理的根据地,再把可靠性的范围推广到其他科学.

他这一努力产生了《数学原理》这一巨著.但用逻辑证明数学的初衷并未实现.

罗素的哲学生涯与数学和物理学紧密联系着,他汲取了现代物理学的成果,从相对论得到启示,提出世界的本原既不是物质,又不是精神,而是一种中立的"事素".

其实,事素无非是事物在某一时刻的断面.事物是一部影片,事素是一个镜头,这个镜头仍是由物质的瞬间状态构成的.

物质在空间上构成事素,事素在时间上构成事物.事素的出现不是跳跃的,无规则的,而是随时间连续变化的,这种连续性表明事素是确定的事物的瞬时状态.

罗素一再强调,事素是独立于人的经验而存在的,也就是说,是在人的主观意识之外.在这一点上,他的事素与唯物论的物质几乎没有区别,只不过加"瞬时性"于物质而已.

但罗素有一点没弄通.他认为独立于人的经验之外的事素,其状况和性质又以人的意志为转移,这构成了他的世界观的基本点:承认意识之外的存在,但这个存在是以人的意志为转移的、相对的.

他这种看法来自相对论对"同时性"的批判.传统物理观念中,时间是均匀地独立地流逝着,"同时性"是绝对的.但在相对论的理论之下,两个事素 A 与 B,在某个观察系统中是同时发生的,在另一个观察系统中可能 A 先于 B,在第三个观察系统中可能 B 先于 A.究竟是谁先谁后,并没有一个客观的物理标准.因此他认为,事素的性质是相对的,与人的约定有关.

其实,事素的先后,只能取决于观察系统,并不取决于人的主观意志.先后与观察系统有关,这种关系就是事素的客观性质.数学家惯于使用坐标变换来研究几何图形.几何图形有些性质与坐标系无关,有些性质与坐标系有关.这并没有什么奇怪,也不能由此得出几何图形性质以人的意志为转移的结论.几何图形的那些不依赖坐标系的性质,叫作坐标变换下的不变性质.

过去,在牛顿物理学的框架里,人们以为时间与距离是坐标变换下的不变量.在相对论之下,坐标变换下的不变量不再是时间与距离了,而是与时间距离都有关系的"间距".间距是事物不依赖观察系统的性质.这就表明,归根结底,事物的性质是客观存在的.

不同的观察系统之间存在着确定的变换,这种变换在数学上形成一个"变换群".相对论与经典物理学的不同,从数学上看,不过是用一个变换群代替一个变换群而已.如果说在新变换群之下同时性与距离是相对的,而间距是绝对的,那么,旧变换群之下间距则是相对的,而同时性与距离是绝对的.人为什么认为同时性、距离那么重要,而间距就不那么重要呢? 一句话,存在决定意识.人长期按牛顿物理学的框架思维,形成了这种看法.

罗素认为相对论证明了存在以人的意志为转移,无非是因为他一时扭转不了牛顿框架形成的思维定式而已.如果他本来认为"间距"是客观的,那么,他就将得出牛顿理论证明存在是以人的意志为转移的了.

罗素在这一点上,并没有形成数学思维的习惯.

看来,数学思维对于哲学是有用的.特别是现代科学向哲学提出了一系列问题的今天.

1989 年 2 月 8 日于意大利底里雅斯特

数学高端科普出版书目

数学家思想文库	
书　名	作　者
创造自主的数学研究	华罗庚著;李文林编订
做好的数学	陈省身著;张奠宙,王善平编
埃尔朗根纲领——关于现代几何学研究的比较考察	[德]F.克莱因著;何绍庚,郭书春译
我是怎么成为数学家的	[俄]柯尔莫戈洛夫著;姚芳,刘岩瑜,吴帆编译
诗魂数学家的沉思——赫尔曼·外尔论数学文化	[德]赫尔曼·外尔著;袁向东等编译
数学问题——希尔伯特在1900年国际数学家大会上的演讲	[德]D.希尔伯特著;李文林,袁向东编译
数学在科学和社会中的作用	[美]冯·诺伊曼著;程钊,王丽霞,杨静编译
一个数学家的辩白	[英]G.H.哈代著;李文林,戴宗铎,高嵘编译
数学的统一性——阿蒂亚的数学观	[英]M.F.阿蒂亚著;袁向东等编译
数学的建筑	[法]布尔巴基著;胡作玄编译
数学科学文化理念传播丛书·第一辑	
书　名	作　者
数学的本性	[美]莫里兹编著;朱剑英编译
无穷的玩艺——数学的探索与旅行	[匈]罗兹·佩特著;朱梧槚,袁相碗,郑毓信译
康托尔的无穷的数学和哲学	[美]周·道本著;郑毓信,刘晓力编译
数学领域中的发明心理学	[法]阿达玛著;陈植荫,肖奚安译
混沌与均衡纵横谈	梁美灵,王则柯著
数学方法溯源	欧阳绛著
数学中的美学方法	徐本顺,殷启正著
中国古代数学思想	孙宏安著
数学证明是怎样的一项数学活动?	萧文强著
数学中的矛盾转换法	徐利治,郑毓信著
数学与智力游戏	倪进,朱明书著
化归与归纳·类比·联想	史久一,朱梧槚著

数学科学文化理念传播丛书·第二辑	
书　名	作　者
数学与教育	丁石孙,张祖贵著
数学与文化	齐民友著
数学与思维	徐利治,王前著
数学与经济	史树中著
数学与创造	张楚廷著
数学与哲学	张景中著
数学与社会	胡作玄著

走向数学丛书	
书　名	作　者
有限域及其应用	冯克勤,廖群英著
凸性	史树中著
同伦方法纵横谈	王则柯著
绳圈的数学	姜伯驹著
拉姆塞理论——入门和故事	李乔,李雨生著
复数、复函数及其应用	张顺燕著
数学模型选谈	华罗庚,王元著
极小曲面	陈维桓著
波利亚计数定理	萧文强著
椭圆曲线	颜松远著